서울대 의대 엄마는 이렇게 공부시킵니다

6세부터 초6까지 절대 놓쳐서는 안 될 3가지 공부 기본기

서울대 의대
엄마는
이렇게
공부시킵니다

김진선 지음

카시오페아
Cassiopeia

우리 아이 공부 잘하게 만드는
확실한 방법을 알고 싶다면

"아이 공부, 어떻게 시켜야 할지 막막한가요?"

부모라면 누구나 아이가 공부를 잘하길 마음속으로 바랄 것입니다. 하지만 답을 구하기는 쉽지 않습니다. 온갖 시중의 교육서와 학습서를 뒤져봐도 명쾌한 해결책을 얻긴 어렵습니다. 손에 잡히지 않는 추상적인 이야기이거나, 구체적인 방법이 적혔다고 해도 실행 불가능한 것들만 담겨 있는 경우가 많기 때문입니다. 이를테면 '자존감이 중요한 건 알겠는데, 그게 공부랑 무슨 상관이라는 거지?', '매일 초등 아이와 책상에서 실랑이하라고? 6년 동안?' 답답한 마음이 드는 겁니다.

그래서 남들은 어떻게 하나 찾아보면 한숨만 나옵니다. 6살부터

5

덧셈 뺄셈을 하고, 7살에 이미 구구단을 마스터한 아이들이 있습니다. 요즘은 초등학생도 '수포자(수학 포기자)'가 된다며, 어릴 때부터 수학적 사고력을 길러야 한다고, 그러니까 어려운 문제집을 풀어야 한다고 압박하지요. 교육 정보를 나누는 카페에 가보면 초등학교 때 중학교 과정을 미리 다 떼어야 한다는 건 이미 정설이 되었습니다. '아직 어린아이인데, 이렇게까지 시켜야 하나…' 정신이 아득해집니다. 그래도 내 아이만 뒤처질 순 없으니 좋다는 학습지와 동네 학원을 검색해봅니다. 공부를 잘 시키는 주변 엄마의 가이드대로 학습 전략을 세웁니다. 하루 공부 스케줄을 짜고, 시기별로 보낼 학원을 정합니다. 하지만 그렇게 해도 마음 한구석에 불안함은 여전히 남습니다.

'이렇게 시킨다고 공부를 잘하게 될까?'

저 역시 아이를 키우면서 똑같은 어려움에 빠진 적이 있었습니다. 여기서 조금 의아하게 느끼는 분도 있을 겁니다. "본인이 의사면 공부를 끝내주게 잘했을 텐데, 왜 이런 고민을 해요? 그 집 아이는 공부 머리도 타고났을 테니 걱정할 필요가 없지 않아요?"라고 묻고 싶겠지요. 맞습니다. 제 입으로 말하자니 조금 겸연쩍지만, 저는 지금도 시험 하나는 잘 볼 자신이 있습니다. 좋은 성적을 받을 수 있는 확실한 방법도 알고 있고요. 그 방법으로 서울대학교 의과대학 졸업생 중 상위 15% 내 성적으로 우등 졸업장을 손에 쥐기도 했습니다.

그렇지만 제가 시험을 잘 봤던 것과 제 아이가 공부를 잘하는 건 별개의 문제였습니다. 사실 고학력 전문직 부부의 아이가 원하는 대학에 진학하지 못하는 경우는 허다합니다. 선배 의사 부부의 아이가 재수, 삼수를 하다가 결국 대학 입시에 실패하는 걸 저도 여럿 봤습니다. 이런 상황에서 과연 제 아이라고 안심할 수 있을까요? 공부하는 건 제가 아니라 결국 아이인걸요. 그런데 막상 제 아이를 어떻게 공부시킬지는 잘 모르겠더군요. 아무리 좋은 공부법을 알고 있어도 전해줄 방법을 모르면 무용지물이었습니다.

게다가 아이는 어떻습니까? 자식이 어디 내 마음대로 되던가요? 더하기 빼기 문제 한 장 푸는데 준비만 2시간 걸리고, '책을 많이 읽어야 할 텐데…' 속 타는 부모 마음은 나 몰라라 그림 없는 줄글 책은 손조차 대지 않으려 하고, "공부를 대체 왜 해야 하는데? 오늘은 안 할 거야!" 당당히 선언하고… 저희 집도 똑같았습니다. 아이 한번 공부시키려다 부모 자식 간의 연 끊어진다는 말이 남의 이야기가 아니더군요. 아이가 하자는 대로 그저 맞춰주다간 공부를 제대로 하지 못할 것 같고, 그렇다고 억지로 밀어붙였다간 오히려 공부를 싫어하게 될까 봐 살얼음판을 걷는 기분이었습니다. "어떻게 우리 아이를 공부시킬까?"라는 질문은 어느새 저에게도 가장 어려운 문제로 다가왔습니다. 이 문제를 해결하기 위해 (아마도 여러분처럼) 저도 시중에 나온 자녀 교육서와 인터넷의 온갖 교육 정보를 찾아봤습니다. 하지만 결국 정답은 못 찾고 마음만 무거워졌던 것이지요.

"중고등 때 성적을 잘 받으려면 초등 때 ○○를 꼭 해줘야 한다고? 정말? 글쎄… 그건 아닌 것 같은데……."
"그래, 이론적으로는 다 좋아. 근데 애가 스스로 해야 말이지. 공부 안 하겠다는 철없는 아이를 어떻게 책상에 앉힐 건데? 10분도 안 지나 힘들다며 드러눕는 아이를 어떻게 억지로 공부시킬 건데?"

수많은 교육 정보 중 저의 고민을 명쾌하게 해결해주는 단 한 권의 지침서를 찾기가 쉽지 않더군요. 그래서 제가 직접 '공부 잘하는 아이로 키우는 법'을 알아내기로 마음먹었습니다. 그날부터 저는 저의 23년간의 공부 경험, 저희 부모님의 교육법, 중고등 시절 및 서울대 의대에서 함께 공부한 친구들의 비결, 시중의 자녀 교육서, 교육 심리학 연구 논문, 직접 아이를 키우면서 관찰한 결과까지 모두 동원해서 찾아봤습니다.

"어린 시절 날고 기던 아이들이 중고등학교에 가서 성적이 떨어지는 이유는 무엇일까?"

"무엇이 아이들의 공부 운명을 가르는 것일까? 초등학교를 졸업할 때까지 과연 어떤 공부에 집중해야 할까?"

오랜 고민과 연구 끝에 문해력, 연산력, 체력, 이 3가지가 공부를 잘하기 위한 진짜 기본기라는 답을 얻을 수 있었습니다. 문해력, 즉 글을 읽고 이해하는 능력이 없는 아이가 어떻게 교과서를 읽고 문제를 풀겠으며, 빠르고 정확한 연산력 없이 수학을 공부할 수 있겠습니까. 체력은 더 말할 것도 없지요. 중학교, 고등학교… 이렇게 후반부로 갈수록 공부는 점점 체력전의 양상을 띠는걸요. 여기에 덧붙여,

"어떻게 하면 아이를 책상에 앉힐 수 있을까?"

"부모가 시킨 것이 아니라, 스스로 공부하기를 선택했다고 느끼게 만들수 있을까?"

답을 찾기 위해 심리학과 마케팅 책을 읽기도 했습니다. 효과가 있는지 하나하나 직접 테스트도 해봤지요. 책을 펼 수밖에 없는 상황을 만들고 뒤로 숨는 등 부드럽게 개입했습니다. 아이와 함께 도

서관에 가고, 아이가 보는 앞에서 책상에 앉아 열심히 일하고, 공부가 즐거운 놀이처럼 보이도록 연기를 했습니다. 구구단 외우기가 세상 재미있는 일인 양 몇 번을 읊어댔는지 모릅니다. 어르고 달래가며 아이에게 '공부'라는 물건을 파는 영업 사원이 되었습니다.

그렇게 1년이 지나자 신기하게도 아이가 달라졌습니다. 줄글책은 손도 대지 않으려던 아이가 매일같이 100페이지, 150페이지, 200페이지가 넘는 책을 읽게 되었습니다. 심지어 스스로 원해서요. 도서관이나 서점을 저희 집에서 가장 가고 싶어 하는 사람이 되었습니다. "나는 수학이 싫어. 잘 못 해"라며 지레 포기하던 모습은 "나 이제 수학 잘해. 재밌어"로 바뀌었습니다. 80점을 넘기가 힘들던 문제집 정답률이 월등하게 올라갔습니다. 요즘에는 95점만 받아도 쑥스러워하더라고요. 수학 문제집을 푸네, 마네 늘 벌이던 실랑이는 이제 옛 추억이 되었습니다.

솔직히 저도 이렇게 빨리 아이가 달라질 줄은 몰랐습니다. 저는 이 경험을 통해 얻은 깨달음을 여러분에게 전하고 싶었습니다. 아주 쉽고 간단한 방법만으로도 아이 스스로 공부하도록 만들 수 있다는 사실을 말입니다. 그러니까 결국 공부 잘하는 아이로 만들 수 있다는 걸요.

이 책은 크게 2가지 내용을 다루고 있습니다. 하나는 대한민국 상위 0.1%의 공부 비법, 다른 하나는 아이를 책상에 부드럽게 앉히는 방법 입니다. 이를 연령별, 과목별, 상황별로 나눠 아주 구체적이면서도 세심한 지침을 담았습니다. "하루에 연산 문제는 몇 문제나 풀리면 좋을까?", "학원을 보낼지 말지 어떻게 결정하면 좋을까?" 등 정말 궁금하지만 어디서 속 시원히 묻기 어려웠던 문제에 대한 답도 바로 여기서 찾을 수 있습니다.

아이를 어떻게 공부시키면 좋을지 밤새 인터넷을 뒤지고, 정보에 빠삭한 같은 반 엄마와 친해지기 위해 노력 중인 상황이라면, 잘 찾아왔습니다. 제가 바로 여러분이 찾아 헤매던 그 전문가입니다. 저는 공부 상위 0.1%의 아이들이 어떻게 공부하는지 직접 보고 듣고 경험했습니다. 도서관 옆자리에서, 같은 교실에서, 그들이 하루 종일 어떻게 지내는지, 또 제가 어떻게 공부했는지, 저보다 더 잘 아는 사람이 어디에 있을까요?

이 책에 실린 공부법은 하루아침에 만들어진 것이 아닙니다. 초등 입학부터 전문의 자격시험까지 23년간 온갖 시험을 다 치러보면서 쌓은 결과물입니다. 저는 중학교 때 수학 과목 서울시 대표로 선발되어 전국 경시대회에 출전한 적도 있고, 평생 듣도 보도 못한 라틴어로 된 과목(의학)을 울면서 외워본 적도 있습니다. 수많은 시험을 치르는 과정에서 성공한 적도 많았지만, 치열한 경쟁에 밀려 좌절한 적도 만만찮게 있었습니다. 그때마다 공부법을 갈고닦아 결국 서울대 의대 우등 졸업의 영광을 얻은 것입니다. 제 나이

25살, 그때 저만의 공부법을 완성했습니다. 어떤 시험이든 실패하지 않을 자신이 생긴 건 바로 그 무렵입니다. 그리고 드디어 '아이가 공부 잘할 수 있는' 비법까지 연마하게 되었습니다. 징글징글하게 제 마음대로 안 되는 아이들을 키워본 덕분에요.

이 책에는 그야말로 쉽고 편한 교육법만 골라 담았습니다. 아직 인지 기능이 미숙하고, 공부를 왜 해야 하는지 절실함이라곤 찾아볼 수 없는 '어린아이'들에게 적용해야 하니까요. 아무리 모범적인 방법이라 알려졌어도 어렵거나 많은 노력이 드는 공부법은 모두 제외했습니다. 왜 그랬을까요? 실천할 수 없는 노하우는 무용지물이기 때문입니다. 솔직히 저는 요즘처럼 '어렵고 힘들게' 공부한 적도 없고요. 전략을 잘 짜면 공부도 충분히 쉽게 잘할 수 있습니다.

이제 더 이상 아이 공부 앞에서 막막하고 답답하지 않아도 됩니다. '왜 하라는 대로 해도 안 되지? 우리 아이는 공부 싹수가 노란가?' 불확실한 정보에 휘둘려 부모는 부모대로, 아이는 아이대로 고생하는 날들은 안녕입니다. 오늘부터 '공부를 하네, 마네' 아이와 실랑이할 필요가 없습니다. '아이가 공부를 영원히 싫어하게 되면 어쩌지?' 불안해하지 않아도 됩니다.

그간 실제적인 교육법을 찾아 헤맸다면 바로 여기서 해답을 얻을 수 있습니다. 상위 0.1%는 어떻게 공부하는지, 우리 아이를 어떻게 공부시킬지, 제가 보고 듣고 경험한 모든 노하우를 담아 '우리 아이 공부 잘하게 만드는 확실한 방법'을 상세히 풀어보겠습니다. 여러분은 그저 책에 나온 대로 하나씩 따라 해보면 됩니다. 바닥에 드러누운 아이를 책상에 앉히는 법부터 시험 직전 완벽 대비법까지, 아이의 매일매일에 적용해보세요. 그러다 보면 어느 순간 우리 아이는 그 어떤 시험 앞에서도 당당한 아이가 될 것입니다. 그 비법이 무엇인지 빨리 알고 싶은가요? 그럼 지금부터 본격적으로 들어가보겠습니다.

차례

Part 2 부모가 절대 놓쳐서는 안 될 37가지 공부 기본기

공부 기본기 ③ 체력

Part 3   6세부터 초6까지 서울대 의대 엄마표 연령별 공부법

미취학 6~7세, 공부의 시작을 준비하는 시기

Part 4 중고등에서 시험을 잘 보기 위해 꼭 알아야 할 것들

🔖 시험을 진짜 잘 보는 방법은 따로 있다

Part 1

아이를
공부시키기 전에
꼭 알아야 할 것들

아이를 알고 공부까지 알아야 진짜 시작이다

'지피지기백전불태(知彼知己百戰不殆)'라는 말이 있습니다. 상대와 나를 알면 100번 싸워도 위태롭지 않다, 즉 싸움에 임하기 전 상대의 약점과 강점을 충분히 알고 전략을 짜라는 이야기입니다. 공부도 마찬가지입니다. 정복하고 싶다면 먼저 우리 아이의 특성은 어떤지, 공부라는 녀석의 정체는 무엇인지 완전히 파악하는 과정이 반드시 필요합니다.

아이를 알면 공부 방법이 보인다

대학 신입생 시절, 주변에서 아이 과외 좀 해달라는 요청을 여러 번 받은 적이 있습니다. 당시 공부에 대한 자신감이 하늘을 찌를 때

였지요. 제가 잘하는 걸 그저 알려주기만 하면 고소득을 올릴 수 있다는 생각에 주저 없이 승낙했지요. 그렇게 몇 명의 중고등학생을 가르쳐봤습니다. 그러고 나서 머지않아 깨달았습니다. 저는 형편 없는 선생이라는 사실을요.

일단 학생의 정체를 도저히 파악할 수가 없었습니다. '왜 이렇게 쉬운 걸 이해 못 하지?' 대학생인 제 눈에는 중학교 1학년 수학을 왜 어려워하는지 이유를 모르겠더군요. 내준 숙제는커녕 수업 시간에도 틈만 나면 딴짓하는 아이들을 보며 한숨을 내쉬기도 했습니다. "너 왜 공부를 안 하는 거야! 지금 공부 열심히 하는 게 앞으로 얼마나 중요한데!" 참다 참다 주제넘게 오지랖을 부리기도 했습니다. "너 이런 식으로 하면 안 돼. 너희 부모님이 너 공부시키느라 얼마나 신경 쓰고 있는지 생각해봐. 공부 잘하려면 진짜 열심히 해야 해. 정신 차리라고!" 하지만 몇 달을 해도 달라지지 않더군요. 덕분에 자의 반 타의 반으로 저의 과외 교사 경력은 짧게 끝나고 말았습니다. 저보다 어린 사람을 가르치는 일이니 만만하게 봤는데, 전혀 아니었습니다. 내용은 쉬울지 몰라도 아이가 어려웠습니다. 특히 나이가 어릴수록 더 그랬습니다. 당시 실제로 '중학생도 이렇게 힘든데 초등학생은 어떻게 가르치나?'라는 생각도 했습니다.

그로부터 10여 년 후, 그 힘든 초등학생을 공부시켜야 하는 입장이 되었지요. 역시나, 육아 내공이 쌓였어도 아이는 여전히 어려웠습니다. 아이를 책상에 앉히기까지 얼마나 많은 시행착오를 겪었는지 모릅니다.

소싯적 공부 좀 해봤다는 고학력 전문직 부부의 아이가 원하는 대학에 진학하지 못하는 경우를 왕왕 봤을 것입니다. 누군가는 그런 경우를 두고 "부모가 본인 스스로 공부를 잘해봐서 아이도 알아서 하겠거니 학원도 안 보내고 그래서 망했다"라고 추측합니다. 그런데 막상 들여다보면 부모가 관심이 부족했던 경우는 거의 없습니다. 물어보면 학원이나 과외 등 남들 하는 만큼은 시켜본 경우가 대부분입니다. 세상 어떤 부모가 자식이 공부를 못해도 '전혀' 상관없을까요? 본인이 공부를 잘해봤다면 더더욱이요. 다만 아이가 공부를 안 했을 뿐입니다. 부모는 끝까지 공부시킬 방법을 몰랐던 거고요. 그 부모는 공부법이야 이미 잘 알고 있었을 테니, 아이를 몰랐던 탓이라 해야겠지요.

어른인 부모와 아이는 매우 다릅니다. 인지 기능도, 관심사도 정말 달라요. 부모는 이미 인지 기능이 완성되었지만, 아이들은 해마다 자라는 중입니다. 공부를 왜 해야 하는지 부모는 절실히 알고 있지만, 아이들은 전혀 모릅니다. 이런 이유로 아이 공부를 부모의 관점으로 접근해서는 별 소용이 없습니다. 아이에게 "공부를 열심히 하면 좋은 직업을 가질 수 있고, 편안하게 살 수 있고, 기회가 많아지고…" 아무리 이야기해도 책상에 앉힐 수 없다는 말입니다. 철저히 아이의 시선으로 바라봐야 답을 찾을 수 있습니다. 그럼 아이의 특성과 그에 따른 대응 전략을 한번 살펴보겠습니다.

- **아이의 특성 ①** 아이들은 인지 기능이 발달하는 중이다

→ [대응 전략 ①] 우리 눈에는 쉬워 보여도 아이는 어려울 수 있겠지? 그럼 공부가 싫어질 수도 있으니, 아이 수준에 맞춰서 공부를 시키도록 주의해야겠네.

→ [대응 전략 ②] 아이 수준에 맞는 공부란 과연 무엇일까? 어디서 답을 찾아야 할까? 좋은 안내서가 있는지 한번 알아봐야겠어. 그걸 따르면 되겠지.

→ [대응 전략 ③] 아이는 시간이 갈수록 인지 기능이 점점 좋아지겠구나. 그럼 공부는 제 나이에 맞춰서 하는 게 효율적이겠네. 어릴 때 괜히 미리 당겨서 시키지 말아야지.

- **아이의 특성 ②** 아이들은 '공부를 왜 해야 하는지' 모른다

→ [대응 전략 ①] 공부하라고 무작정 말해봤자 소용없겠구나. 그럼 어떻게 해야 아이의 마음을 움직일 수 있을까? 미끼라도 던져볼까? 공부가 재미있는 것처럼 아이 앞에서 선보여볼까? 공부를 열심히 하면 어떤 결과를 얻을 수 있는지 보여준다면? 좋아. 멋진 학교, 멋진 직장에 데리고 가봐야겠다. 마케팅 기법을 한번 찾아봐야겠군.

→ [대응 전략 ②] 그래도 유치원이나 학교에 가면 신기하게 자리에는 앉아 있는 모양이네. 나름 공부도 하는 것 같고. 혹시 집에서도 그렇게 만드는 방법이 있진 않을까? 학교처럼 공부할 수밖에 없는 분위기를 한번 조성해봐야겠다. 일단 거실에서 TV부터 치워야 하나? 나도 아이 앞에서 스마트폰 하는 모습을 좀 줄여야겠네. 내가 책을 읽으면 아이도 따라 읽으려나?

→ [대응 전략 ③] 책상에 앉기까지가 힘들지, 일단 앉으면 그래도 하는 것 같은데, 공부 시작을 도와주는 방법은 없을까?

→ [대응 전략 ④] 문제집을 안 풀겠다고 할 때는 어쩌지? 말로 설득이 안될 텐데 공부를 왜 해야 하는지도 모르잖아. 그럴 땐 억지로라도 시켜야 하나? 괜히 물러서면 나쁜 습관이 들 수도 있으니까. 아니야, 그랬다가 영원히 공부 안 하겠다고 하면 어떡해. 답답해도 아이가 스스로 자리에 앉을 때까지 기다려줘야겠다.

이 과정을 통해서 아이를 어떻게 공부시켜야 하는지 감을 잡을 수 있습니다. 먼저 **아이 공부는 일단 쉬워야 한다**는 사실을 알 수 있습니다. 아직 공부를 소화할 능력이 미숙하기 때문이지요. 선행학습, 조기 교육 등에 현혹되지 말고 자기 연령에 맞춰 현행 학습에 충실한 전략을 짜야 한다는 뜻입니다. 1학년은 1학년 내용을, 2학년은 2학년 내용을 학교 진도에 맞춰서 공부시키세요. 너무 쉬워 보이고, 느려 보이고, 혹여 눈에 차지 않더라도 말입니다. 아이가 '공부쯤은 별것 아니다. 잘할 수 있을 것 같다'라고 느끼게 만드세요. 이후에 자세히 이야기하겠지만, 공부에 있어 자신감은 '공부를 잘하게 만드는 데' 큰 원동력이 되기 때문입니다. 선행 학습을 시켜서 공부를 굳이 어렵게 만들 이유는 없습니다.

한편 아이를 책상에 앉히려면 은근히 유혹하는 방식으로 접근해야 한다는 사실도 깨달아야 합니다. 공부에 관심 없는 아이를 공부하도록 만들기 위해서는요. '공부는 사람이라면 당연히 해야 하는데, 왜 그 당연한 걸 안 해?'라는 태도는 버리는 게 좋습니다. 어린 아이들은 그게 당연하다는 생각 자체를 하지 못하기 때문입니다. 이성적으로 설득이 안 됩니다. 이 시기에는 아이의 '감정'을 자극해야 합니다. 어떻게 하면 아이의 마음을 잡아끌 수 있을지를 끝없이 고민해야 합니다. 마케팅 전문가처럼요. 그래야지만 수월하게 책을 읽히고 문제집을 풀릴 수 있습니다. 공부를 열심히 하면 어떤 미래가 펼쳐질지 환상을 불어넣으세요. 말로 설득하지 말고 눈으로 보여주세요. 앞으로 아이가 누릴 수 있는 삶을 실제로 보여줘도 되고, 영화와 드라마 등 무엇이든 좋습니다. 지금 당장 공부가 재미있어 보이게 포장할 수도 있습니다. 요가원과 헬스장의 마케팅 방법을 떠올려보세요. 그 힘들고 고통스러운 운동을 사람들이 스스로 하도록 만듭니다. 10분짜리 단 1개의 영상만으로도요.

쉽게 만들기, 유혹적으로 끌기, 이 2가지 개념을 잡았다면 이제 아이 공부는 더 이상 어렵지 않을 것입니다.

📖 학교 공부를 알면 공부 잘하는 방법이 보인다

이제 학교 공부의 정체를 파악해볼까요? 대체 학교 공부란 무엇일까요? 답이 쉽게 손에 잡히지 않고, 너무 막연하게 느껴질 것입니다. 그렇다면 질문을 바꿔보겠습니다.

"학교 공부를 잘한다는 것은 무슨 뜻일까요?"

이제는 수월하게 답할 수 있을 것입니다. '시험을 잘 본다', '시험에서 좋은 성적을 받는다'라는 뜻입니다.

왜 제가 여러분에게 이런 질문을 했냐면, 학교 공부의 본질이 무엇인지 피부에 와닿게 설명하고 싶었기 때문입니다. 부모인 우리가 원하는 최종 목표는 '아이가 시험에서 고득점을 받는 것'이라는 개념을 확실히 짚고 넘어갔으면 해서요. 즉, 아이를 공부시키는 것은 '교과서를 완전히 통달해서 학교 공부의 거장이 되는 것'을 목표로 하는 게 아니라는 의미입니다. 굳이 이것을 강조하는 이유는 '시험'이 아닌 '공부'로 접근하면 그 범위가 너무 넓어서 어떻게 대응

해야 할지 우왕좌왕할 수 있기 때문입니다. 실제로 많은 부모들이 아이의 '공부' 앞에서 막막해지는 것은 이런 까닭도 있다고 생각합니다. 오히려 공부 대신에 아이의 '시험'이라고 생각하면 좀 더 정밀한 대응 전략을 짤 수 있을 텐데 말이지요.

예를 들어 부모가 아이를 공부시킬 때 가장 먼저 떠오르는 것 중에 하나가 바로 '공부 습관'입니다. 꾸준히 바른 자세로 책상에 앉아서 매일 목표량을 공부하는 것을 말합니다. 아주 바람직한 방법이지요. '공부'에 최선을 다하려면, 이 정도는 당연히 해야 한다는 마음이 듭니다. 그런데 '시험에서 좋은 성적을 받으려면 반드시 매일 꾸준히 공부해야 할까? 혹시 벼락치기만 하면 안 될까?'를 생각해보면 꼭 그렇게까지 성실하게 할 필요는 없어 보입니다. 어떻게든 시험 전까지 공부를 마치기만 하면 되니까요. 긴가민가 애매할 때는 '공부' 자리에 '시험'이라는 단어를 넣어보면 느낌이 확 올 것입니다. '공부 습관' 대신 '시험 습관'으로 바꿔보겠습니다. 왠지 어색하지요? 시험과 습관은 딱히 밀접한 연관 관계가 떠오르지 않습니다. 그렇다면 공부 전략을 짤 때 '매일매일 꾸준히 정해진 목표를 완수'하는 습관에 집착하지 않아도 된다는 뜻이겠지요.

이처럼 시험에서 고득점을 받는 것이 최종 목표라는 걸 고려한다면, 공부를 어떻게 해야 할지 쉽게 감을 잡을 수 있습니다. 다시 말해 **공부 전략을 세울 때는 시험의 특성을 파악하는 게 무엇보다**

중요하다는 이야기입니다. 그렇다면 지금부터 시험이란 게 어떤 성질을 가지고 있는지, 또 어떻게 대응해야 할지 간단히 살펴보겠습니다.

- **시험의 특성 ①** 본격적인 시험은 아무리 일러도 중학교부터다

→ [대응 전략 ①] 14세부터 잘하는 게 중요하구나. 그럼 조급할 것 없겠네. 오히려 일찍부터 달리면 본 경기 시작 전에 지칠 수도 있겠다.

→ [대응 전략 ②] 초등 때까지는 눈앞의 성적에 연연할 필요 없겠네. 무리하게 공부시키지 말아야지.

→ [대응 전략 ③] 초등 때 잘하던 아이들이 중학교 가서 성적이 떨어지는 걸 보면, 중고등학교에서 시험 잘 보는 비결은 따로 있는 것 같네. 그 비결이 무엇인지 알아봐야겠어. 지금은 그걸 연마해야지.

- **시험의 특성 ②** 시험은 '당장 주어진 범위'를 얼마나 열심히 공부했는지를 평가한다

→ [대응 전략 ①] 시험은 단거리 경주구나. 시험 기간에 집중하는 전략을 짜야겠다.

→ [대응 전략 ②] 무엇보다 현행 학습이 중요하겠네. 선행은 하나, 안 하나 절대적인 영향을 미치지는 않겠구나. 시험을 볼 때쯤이 되면 어차피 다 잊어버려서 새로 공부해야 하니 말이야.

이렇게 답을 찾아가면 됩니다. 시험에서 좋은 점수를 받는 방법이 무엇일지 생각해보세요. 그것을 바로 아이의 공부 전략에 적용하면 끝입니다. 이 과정을 통해 시중에 떠도는 공부 노하우를 필수적으로 따라야 하는지 아닌지도 분별할 수 있습니다.

한번 예를 들어보겠습니다. 문해력을 기르기 위한 독서, 이것은 시험을 잘 보는 데 꼭 필요한 과제입니다. 지문을 파악하고 문제를 해석하려면 문해력이 반드시 따라줘야 하기 때문입니다. 어떤 글이든 빠르고 정확하게 읽어낼 수 있을 때까지 책 읽기에 많은 시간을 투자하세요.

연산력 기르기, 이건 말할 필요도 없지요. 수학 시험에서 계산이 틀리면 오답이 되는 건 자명한 일입니다. 연산이 빠르면 수학 공부에 소요되는 시간이 그만큼 줄어드니, 연산력은 무조건 갖춰야 하는 덕목이라 할 수 있습니다. 할 수 있는 최대한 계산 연습을 반복시키세요.

선행 학습은 어떨까요? 앞선 학년의 공부를 미리 하는 것 말입니다. 다들 필수라고 하는데, 우리 아이도 꼭 시켜야 할까요? 글쎄요. 선행 학습은 공부하는 시기와 시험 날짜가 무려 1년 이상 차이가 납니다. 지금 배운 게 1년 뒤 시험에서 얼마나 도움이 될까요? 막연히 '공부'에 도움이 될지 안 될지를 따지지 말고 정확히 '시험 점수'만을 놓고 본다면요. 저는 매우 회의적입니다. 우리의 기억력은 생각보다 형편없기 때문입니다. 시험 기간에 완벽하게 외운 지식도 일주일만 지나면 흐릿해지는 경험을 다들 해봤을 것입니다. 그런데 한번 쓱 훑고 간 지식이 1년 동안 얼마나 남아 있을까요?

만약 남들보다 1번 더 공부하는 것으로 고득점을 노린다면, 수업 하루 전에 1번 예습하거나 시험 기간에 2번 반복할 걸 3번 반복하는 전략을 짜면 됩니다. 1년 먼저 공부하는 것보다 품도 덜 들고 효과도 더 낫습니다. 그렇다면 1년 선행 학습은 비효율적인 공부 전략이라 할 수 있겠네요. 선택할 이유가 없습니다. 이 내용을 다음과 같은 알고리즘으로 정리해보겠습니다.

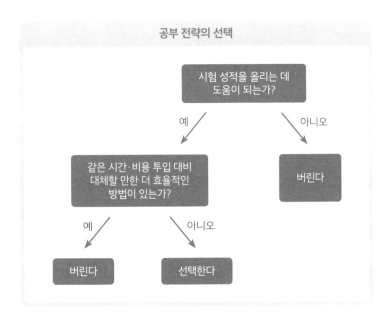

"시험 성적을 올리는 데 직접적인 도움이 되는가?"

"같은 시간과 비용을 투입했을 때, 대체할 만한 더 효율적인 방법이 있는가?"

이러한 2가지 질문을 통해 꼭 해야 할, 혹은 하지 않아도 될 공부법이 무엇인지 판단할 수 있을 것입니다. 먼저 '문해력을 기르기 위해 독서를 한다'는 시험 득점에 도움이 되고(○), 대체할 만한 방법이 없으므로(×), 따라서 꼭 선택하는 것이 좋겠지요.

반면 선행 학습은 기억력의 한계로 인해 시험 득점에 도움이 될수도 안 될 수도 있고(○, ×), 더 효율적인 방법이 존재하므로(현행학습, 예습과 복습 등) 꼭 할 필요가 없다는 결론에 도달합니다.

어떻습니까? 이제 아이 공부를 어떻게 시켜야 하는지 훨씬 명확하게 보이지 않나요? 이처럼 '공부'를 '시험'으로 바꿔보면 쉽게 대비 전략을 짤 수 있습니다. 여러분도 한번 시도해보세요. 이제 아이 공부 앞에서 더 이상 막막하지 않을 겁니다.

아이를 기꺼이 책상에 앉히는 4가지 방법

"공부해."

이 말은 부모가 아이에게 "밥 먹어" 다음으로 많이 하는 말일 것입니다. 하지만 공부하라는 명령만큼 세상 소용없는 것도 없습니다. 공부를 왜 해야 하는지 모르는 아이에게 공부하라고 해봤자 할 리가 없기 때문입니다. 오히려 방금까지 놀다가 공부를 막 시작하려는 아이라면, 이 말을 듣고 짜증이 나 괜히 자리에서 일어나는 역효과를 초래할 수도 있습니다. 부모가 수없이 겪어온 일입니다.

"공부해"라는 말이 효과가 없는 이유는, 상품을 판매하는 일에 비유하자면 "이거 사세요"를 반복적으로 외치는 것과 비슷하기 때문입니다. 물건에 흥미가 없는 사람에게 아무리 사라고 요청해봤자 움직이지 않겠지요. 이럴 때는 고객의 관심을 먼저 끄는 것이 필요합니다. 물건을 팔려고 하지 말고, 고객 스스로 구매하도록 유도해야 합니다. 공부도 마찬가지입니다. 어린아이를 책상에 앉히려면 영업하는 마음으로 접근해야 합니다. 아이가 스스로 선택해서 공부하도록 만들라는 뜻입니다.

📖 방법 ①_ 부모가 먼저 책상에 앉거나 도서관으로 간다

다른 사람의 행동을 따라 하려는 것은 집단생활을 하는 인간의 본성입니다. 여러 사람이 동시에 같은 행동을 한다면 자신도 곧 그 안에 스며들게 됩니다. 무언의 압력을 받기에, 무리와 다르게 행동하기는 상당히 부담스럽습니다. 만약 아이가 교실에 들어갔는데, 다른 아이들이 모두 자습하고 있다면 어떻게 행동할까요? 아무리 우당탕 뛰어서 들어갔어도 조용히 자리에 앉아 책을 펴겠지요. 이런 심리를 이용하는 것입니다.

아이가 초등학교에 들어가면 대치동 같은 소위 학군지로 이동하려는 부모들이 많습니다. 잘 가르치는 학원이 많아서라는 이유도 있지만, 사실 그건 꼭 주거지를 옮겨야만 하는 까닭은 아닙니다. 조금 떨어진 곳에 살아도 학원에 다닐 수는 있기 때문입니다. 군이 번거로운 이사까지 감행하는 이유를 들어보면 '친구들' 때문이라고 답하는 경우가 꽤 됩니다. 주변이 다 공부하는 분위기이니, 아이도 덩달아 따라가지는 않을까 내심 기대하는 것입니다. 일리 있는 이야기입니다.

다만, 저는 이런 효과라면 집에서도 충분히 일으킬 수 있다고 생각합니다. 부모가 책상에 앉아 있는 모습을 아이들에게 보여주는 것이지요. 꼭 부모더러 공부하거나 책을 읽으라는 말은 아닙니다. 그렇게 되면 물론 좋겠지만, 억지로 할 필요는 없습니다. 간혹 몇몇 부모들이 아이와 같은 문제집을 나란히 앉아서 풀기도 하는데, 본인이 대학 입시를 다시 준비할 계획이 아니라면 굳이 그렇게 안 해도 됩니다. 그저 본인의 일을 열심히 하기만 해도 충분합니다. 솔직히 그게 더 바람직합니다. 부모는 부모대로 할 일이 따로 있기 때문입니다. 게다가 아이도 부모가 자기와 같은 문제집을 풀고 있으면 얼마나 부담스러울까요? 누군가 온 인생을 자신에게 쏟아붓고 있다는 느낌이 들면 도망가고 싶은 게 사람 마음입니다. 중요한 건, 아이가 공부하길 바란다면 무엇이든 부모로서 노력하는 모습을 보여주라는 것입니다.

저는 어머니가 콩나물을 다듬으면 그 옆에서 문제집을 풀곤 했습니다. 아버지가 주말에 사무실에 나가면 같이 따라가서 공부하고 그랬지요. 두 분 다 제가 책상에 앉아 있는 동안 함께 공부하고 책을 읽었던 적은 단 한 번도 없었습니다. 그저 각자 소임을 다했을 뿐이지요. 저도 딱히 집에서 공부하지는 않습니다. 컴퓨터 앞에서

묵묵히 할 일을 하는 게 다인데, 확실히 제가 핸드폰을 보고 있을 때와는 아이의 행동이 다릅니다. 말 그대로 '각 잡고' 일하고 있으면 아이도 은근슬쩍 책을 보거나 무언가를 만들거나 생산적인 일을 합니다.

어쩌면 여기서 "맞벌이 가족은 어떡해요? 저희 집은 물리적으로 아이와 함께할 시간이 부족한데요"라고 묻고 싶은 분도 있을 겁니다. 참 난감하지요. 하지만 방법이 없는 것은 아닙니다. 부모가 노력하는 모습은 비단 눈앞에서 보여주는 것만을 의미하진 않습니다. 말로도 전할 수 있지요. 아침이든 저녁이든 기회가 있을 때, 회사에서 어떤 일이 있었는지, 요즘 무엇에 열중하고 있는지, 앞으로의 계획 등을 아이에게 말해주면 됩니다. 아이에게 갑자기 일터 이야기를 하라니 다소 막막할 수도 있습니다. 이럴 때는 배우자와 식탁에서 대화를 나누는 것으로 시작하면 됩니다.

"요즘 당신이 한다던 그 프로젝트는 잘 돼가?"

"응. 열심히는 하고 있는데 생각보다 어렵네. 퇴근 시간 맞추느라 어제는 점심도 안 먹고 계속했는데, 아마 앞으로 2~3일은 저녁에도 일해야 할 것 같아. 그래도 이번 주말 전에는 끝나지 않을까?"

"엄마 아빠, 무슨 얘기해?"

"엄마가 이번에 회사에서 중요한 프로젝트를 맡았는데, 일이 너무 많아서 점심도 못 먹고 일했대. 앞으로 며칠은 밤늦게까지 일해야 하나 봐. 엄마가 고생이 많다 그치?"

가끔은 아이가 갑자기 물어올 때가 있습니다. 그 소중한 기회를 놓치지 마세요.

"엄마는 회사에서 무슨 일을 해?"

"응?"

"회사에서 뭐야? 과장? 차장? 부장?"

"엄마는 회사에서 과장이고, 엄마가 다니는 회사는 보험 회사거든. 보험 회사가 뭐냐면 우리가 아프거나 자동차 사고가 나거나 그럴 때 큰돈이 필요하잖아. 병원비나 차 수리비를 내야 하니까. 그럴 때 큰돈을 주는 회사야. 평소에 우리가 조금씩 낸 돈을 모아서 돌려주는 거지. 엄마는 거기서 상품 만드는 일을 해."

"무슨 소리인지 잘 모르겠어. 상품을 만든다고?"

"응, 맞아. 어렵지? 그럼 예를 들어볼게. 만약 네가 식당을 차린다고 생각해봐. 메뉴를 얼마에 팔아야 할지 결정해야 하잖아. 그때 무작정 정하면 안 되고 재료의 값이 얼마인지, 직원 월급, 가게 월세, 다른 집은 얼마에 파는지 등 이런 걸 다 살펴보고 계산해야 하잖아. 그런 비슷한 일을 하는 거야. 회사에서 엄마는 상품의 가격을 정하려고 복잡한 계산을 해.

그 계산을 하기 위해 이것저것 자료를 찾아보고 연구하기도 하고."

"음, 어렵겠네."

"응, 맞아. (웃음) 그래도 재미있어."

"아빠는 앞으로 꿈이 뭐야?"

"글쎄… ○○ 자격증을 따고 □□를 하려고 해. 그래서 지금 ○○를 열심히 배우고 있어. 뭔지 한번 같이 볼래?"

(관련 영상을 유튜브에서 찾아 함께 본다.)

"아, 아빠가 요즘 하는 게 이거였구나."

'아무것도 모르는 어린아이에게 말해서 뭐 하겠어?'라는 생각에 이야기를 꺼내기조차 하지 않는 부모도 많습니다. 그러면 아이는 부모가 얼마나 열심히 일하고 있는지 인지할 방법이 없습니다.

아이가 초등 1학년 때의 일입니다. 학교에서 돌아오더니 이런 소리를 하더군요. "엄마, ○○네 아빠는 하루 종일 브롤스타즈(모바일 게임)만 한대!" 실제로는 ○○네 아빠가 하루 종일 핸드폰으로 게임만 하지는 않겠지요. 그런데 아이는 보이는 것만 알 수 있으니 이런 사달이 나는 것입니다. 이처럼 초등 1학년만 되어도 우리 엄마 아빠는 무슨 일을 하네, 열심히 하네, 어떠네, 친구들끼리 이야기합니다. 그때부터 벌써 "나는 우리 엄마 아빠처럼 ○○한 사람이 될 거야"라고 말하는 아이도 많습니다. 그러니 번거롭더라도 아이에게 본인이 지금 하는 일을 꼭 전해주세요.

그런가 하면 아이와 함께 도서관에 가는 방법도 있습니다. 저는 솔직히 사회적 압력을 이용하는 방법 중 **가장 쉽고 완벽에 가까운 방법이 '아이와 함께 도서관 가기'**라고 생각합니다. 도서관만 데려갈 수 있다면 거실을 서재처럼 꾸미지 않아도, 부모가 책상 앞에서 인내심을 쥐어짜지 않아도 되니까요. TV도 없고, 장난감도 없고, 커다란 책상에, 조용한 환경에, 이렇게 좋은 공부 환경이 어디 있을까요? 게다가 주변에는 책 읽고 공부하는 사람들뿐이잖아요. 이게 바로 부모가 찾아 헤매는 학군지이지요. 이 분위기에서 아이가 뭘 할 수 있을까요? 책 펴고 읽는 것 말고는 방법이 없을 겁니다.

제 아이 중 하나는 어릴 때 책을 썩 좋아하지 않았습니다. 그런데 신기하게도 도서관에만 가면 한두 시간씩 책을 읽더군요. 그래서 틈만 나면 도서관에 데려갔습니다. 그렇게 몇 년 했더니 점점 책 읽기에 익숙해지는 게 눈에 보였습니다. 저도 덩달아 독서량이 엄청 늘었고요. 다들 책을 읽고 있으니 저 역시 꼼짝없이 보게 되더군요.

얼마 전 안철수 대표, 김미경 교수 부부의 딸인 안설희 박사가 코로나19의 감염 경로를 밝힌 논문이 「네이처 화학(Nature Chemistry)」에 실려 화제였습니다. 안설희 박사는 미국 펜실베이니아대에서 화학과 수학의 복수 전공으로 학사 및 석사 학위를 받고,

스탠퍼드대에서 이론 화학으로 박사 학위를 받았습니다. 당시 안철수 대표의 인터뷰 기사를 보면, 딸의 성공 비결을 묻는 말에 "나와 아내가 딸이 고등학생이 될 때까지 함께 도서관에 가서 공부했다"라며, "이런 환경이 딸이 과학자로서 길을 걷게 된 동력인 것 같다"라고 밝혔습니다. 어쩌면 여기서 "에이, 이 집은 엄마 아빠가 다 서울대 의대 출신이니 유전자도 좋고 집안 분위기도 얼마나 학구적이었겠어? 그러니까 성공한 거지. 도서관에 간 일은 부수적인 비결일 테고" 이렇게 생각하는 분도 있을 겁니다. 분명 맞는 말입니다. 하지만 관점을 달리하면 도서관에 가는 일이 결코 '부수적인' 비결이 아니라는 사실을 알아차릴 수 있습니다. 공부를 잘할 수밖에 없을 것 같은 집도 '아이 공부를 위해 함께 도서관에 갔다'라는 사실만 놓고 본다면 말입니다.

그들은 왜 '굳이' 딸을 도서관에 데려갔을까요? 한번 생각해보세요. 주변 모두가 각자 일에 열중하고 있으면, 아이도 스스로 책상에 앉아 공부하게 됩니다. 이 심리를 잘 이용해보세요.

🗳️ 방법 ②_공부의 좋은 점을 은근슬쩍 보여준다

(feat. 톰 소여의 페인트칠)

인간은 눈앞에 보이면 없던 욕구가 생겨납니다. 미국의 기업인 스티브 잡스(Steve Jobs)가 남긴 유명한 말이 있지요.

"사람들은 보여주기 전까지 무엇을 갖고 싶은지 모른다."

전혀 관심 없던 상품도 실물을 보면 사야겠다는 생각에 잠이 안올 지경이 될 때가 있습니다. 분명 그것을 보기 전까진 필요하다는 생각을 아예 한 적이 없었는데도요. 다이어트로 완벽한 몸매를 이뤄낸 사진 후기, 주식으로 부자가 되었다는 성공담을 보면 '나도 해보고 싶다!'라는 열망이 불타오릅니다. 광고에서 흔히 활용하는 방식입니다. 이런 광고의 핵심적인 특징은 고객에게 대놓고 '물건을 사라'고 하지 않는다는 것입니다. "살을 빼면 어떤 점이 좋고, 그래서 우리 제품을 먹어야만 하고…" 이런 내용은 되도록 감추고, 그저 글이나 사진, 동영상 등을 보여줍니다. 그러고 나서 고객이 자발적으로 미끼를 물도록 기다리는 것이지요. 메시지는 은근할수록 효과가 좋습니다.

공부 의욕도 이러한 방법으로 충분히 끌어올릴 수 있습니다. 아주 오래전에 인기 있었던 『7막 7장』이라는 책이 있습니다. 1990년대에 그 책을 읽고 수많은 학생들이 유학 열병을 앓았지요. 하버드대에 입학하겠다고 난리도 아니었습니다. 『공부가 가장 쉬웠어요』라는 책은요? 막노동꾼도 서울대 수석 합격을 할 수 있다는 사실에 전국적으로 공부 열풍이 불기도 했습니다. 부모님들이 자녀에게 (너도 공부 좀 하라고) 책을 사주고 그랬지요. 실제로 그 바람에 공부하게 되었다는 후기도 종종 봤습니다.

그런가 하면 드라마나 영화를 활용하는 방법도 있습니다. 주인공의 직업이 멋져 보인다는 이유만으로 장래희망이 바뀌는 경우도 왕왕 있으니까요. 저도 초등학교 6학년 때 법정 영화였던 〈어 퓨 굿 맨〉에서 변호사로 나오는 남녀 배우에게 반해 한동안 변호사를 꿈꾼 적이 있습니다. 지금 돌이켜 보면 무슨 내용인지 하나도 이해하지 못했는데도 변호사가 되고 싶었습니다. 그때 공부 의욕이 얼마나 불타올랐는지요! 아이가 장래에 의사가 되길 바라나요? 그럼 의사가 멋지게 나오는 드라마나 영화를 보여주세요. 공부로 성공한 사람의 이야기를 은근슬쩍 보여주는 것은 10번 공부하라는 말보다 큰 힘을 발휘할 수 있습니다.

어떤 부모는 직접 명문 학교나 으리으리한 회사 건물에 아이를 데려가기도 한다더군요. "이곳에 다니고 싶니? 그럼 열심히 노력하면 된다" 이렇게 메시지를 던지면서요. 꽤 괜찮은 방법이라고 생각합니다. 요즘은 코로나19로 어렵게 되었지만, 예전에는 미국 하버드대 교정과 구글 사옥에 아이를 데리고 가는 사람들이 꽤 많았지요. (저도 사실 아이를 서울대 교정에 여러 번 데려갔습니다. 제발 효과가 있기를 바랍니다!)

꼭 크게 성공한 경우를 보여주지 않아도 됩니다. 덧셈 뺄셈을 순식간에 하는 아이, TV에서 퀴즈를 척척 맞히는 학생만 봐도 따라 해보고 싶은 게 사람 마음입니다. 아이 앞에서 구구단을 고속으로 읊고 있으면 여지없이 100% 걸려듭니다. 자기도 그 속도로 해보려고 몇 번을 반복하는지 몰라요. 아이가 책을 읽었으면 좋겠다고요? 부모가 먼저 소리 내어 줄줄 읽기를 시작해보세요. 곧 자기도 같이 보겠다고 할 것입니다. 이건 제가 실제로 쓰고 있는 방법인데, 실패한 적이 없습니다. 분명 직전에 "책 읽자"라고 했더니 "싫어"라고 답했던 아이였는데도요. 남이 하는 걸 보면 없던 흥미도 생기는 겁니다. 이때 주의할 점은 아이에게 미끼를 던졌다는 사실을 들키면 안 된다는 것입니다. 아무런 사심이 없는 것처럼 행동해야 합니다. 부모 스스로가 정말 그 행동을 즐겨서 하는 것처럼요. 『톰 소여의 모험』에서 톰이 벌로 받은 페인트칠을 친구들에게 떠넘기듯이 말입니다.

말썽꾸러기 톰은 어느 날 30m나 되는 담장에 페인트칠을 하라는 벌을 받습니다. 화창한 휴일에 놀지도 못하고 꾸역꾸역 페인트칠을 하고 있는데, 친구 벤이 다가옵니다. 처음에 벤은 휴일에 페인트칠이나 하게 된 톰을 놀립니다. 하지만 톰은 페인트칠을 즐기는 척 연기를 합니다. 호기심이 생긴 벤은 결국 "나도 해보고 싶다"라고 말합니다. 톰에게 대가로 사과까지 주면서 말입니다. 그렇게 온

동네 아이들이 자발적으로 톰 대신 페인트칠을 하게 됩니다.

여기서 톰의 계략이 성공한 비결은 무엇일까요? 그가 무심한 태도를 보였기 때문입니다. 만약 친구에게 먼저 "너도 해볼래?"라고 했다면 아이들이 넘어오지 않았겠지요. 친구가 먼저 움직일 때까지 기다렸기에 이 모든 일이 가능했던 것입니다. 부모도 아이한테 그렇게 하면 됩니다.

저는 아이가 피아노 연습을 하기 싫어할 때 이 방법을 활용해서 매번 성공하고 있습니다.

"피아노 숙제 다 했니?"

"아니. 하기 싫어."

"비켜봐. 엄마도 한번 쳐보자."

"어, 그래." (혼신의 힘을 다해 피아노를 친다.)

"엄마, 이제 내가 칠래."

"안 돼. 엄마도 좀 더 치자."

"안 돼. 빨리빨리."

"뭐, 할 수 없지. 그럼 이 곡만 치고." (다 쳤는데도 움직이지 않는다.)

"엄마, 빨리 일어나."

"에이, 더 치고 싶은데……." (음흉한 미소를 숨기며 일어난다.)

저는 어릴 때 피아노 연습이 정말 싫었습니다. 매번 도살장에 끌려가듯 피아노 앞에 앉았지요. 10번 치라고 하면 3번도 안 치고 수업에 임했습니다. 덕분에 오랫동안 학원에 다녔지만, 좀처럼 실력은 늘지 않았습니다. 그때 만약 저희 부모님이 무심히 한 곡조 치는 모습을 보였으면 어땠을까요? 혹시 제가 피아니스트가 되지는 않았을까요? (농담입니다.) 그렇지는 않더라도 최소한 피아노 연습은 자발적으로 열심히 했을 것 같네요.

지겨운 공부를 아이가 기꺼이 따라 해보고 싶을 만큼 흥미진진하게 포장해보세요. 공부를 열심히 하면 멋진 삶이 펼쳐질 거라고 상상하도록 만드세요. 그러고 나서 기다리면 됩니다. 스스로 욕망할 때까지요.

🔍 방법 ③_ 공부의 시작을 함께한다

비로소 공부해야겠다는 마음을 먹어도 막상 실천하기까지는 상당한 에너지가 듭니다. 부모도 학창 시절 매일같이 경험해봤을 것입니다.

'공부해야 하는데… 공부해야만 하는데… 아, 근데 정말, 정말로 하기 싫다!'

책상 앞에 앉기가 어찌나 힘이 드는지요. 아이도 똑같은 상황에

직면할 것입니다. 공부할 생각이 없는 건 아닌데 의욕이 좀처럼 나지 않는 경우가 생기겠지요. 이럴 때 어떻게 하면 좋을까요?

그럴 때는 행동의 '시작'을 도와주는 방법이 있습니다. 운동해야겠다고 결심했지만 막상 시작하지 못하고 있을 때, 일단 운동화를 신고 나서면 그 뒤는 저절로 진행되는 현상을 이용하는 것입니다. 방에서 나와 운동화를 신으러 현관으로 가는 길까지 도와주라는 뜻입니다. 말로 설득하기보다는 함께 움직여주는 것이 효과가 더 좋습니다. 몸을 움직여서 아이와 함께 책상에 앉고 약간의 개입을 해주세요. 예를 들어 "공부해"라는 말에도 좀처럼 움직이지 않는다면, 아이 손을 잡고 일으켜 함께 책상까지 걸어가주세요. 책을 읽지 않으려는 아이를 위해 부모가 책을 함께 고르고 먼저 낭독을 시작하는 것도 이 방법의 일환입니다. 부모의 손을 빌리긴 했지만 일단 시작은 했고, 그러다 보면 관성이 생겨 도움 없이도 혼자서 공부를 계속할 수 있게 됩니다.

만약 수학 문제집을 놓고 아이가 허송세월을 보내고 있다면 과외 선생님처럼 한두 문제를 함께 풀어주세요. "우리 같이 풀어볼까?", "이건 이런 식으로 푸는 거야", "응, 잘하네", "맞아, 그렇게 하면 돼" 이런 식으로 맞장구를 치다 보면 어느 순간 아이가 이제는 혼자서 해결하겠다고 할 것입니다. 문제 푸는 과정을 누군가 지켜보는 건 왠지 불편하기 때문입니다. 도움이 필요 없어지면 부모님에게 자리를 떠나달라고 요청하겠지요.

또 약간 다른 방식으로는 퀴즈 내기가 있습니다.

"24÷4는 얼마게?"

공부는 한없이 지루해도 남이 내는 문제는 맞히고 싶은 게 사람의 신기한 심리입니다. 〈장학퀴즈〉, 〈도전! 골든벨〉, 〈퀴즈 대한민국〉, 〈1 대 100〉 등 수많은 퀴즈 프로그램이 인기를 누렸었지요. 이를 이용하는 방법이 있습니다. 그렇게 입으로 몇 개 풀다 보면 문제집에 나와 있는 문제도 쉽게 손이 갑니다.

수학뿐만 아니라 다른 과목에도 적용해볼 수 있습니다.

"고기압에서 저기압으로 바람이 불게, 아니면 저기압에서 고기압으로 바람이 불게?"

어떤 때는 책상을 함께 정리할 수도 있겠지요. 우리도 공부를 시작할 때마다 책상을 치우다가 많이 지치지 않았습니까? 아이가 혼자서 다 하게 둘 수도 있겠지만, 부모가 조금만 도와주면 훨씬 수월하게 끝날 것입니다. 그렇게 책상이 깨끗해지면, 아이는 자기도 모르게 책상에 앉게 될 테고요. 이것을 실제로 적용한다면 다음과 같이 하면 됩니다.

• 거실에서 널브러져 있는 아이에게

→ "자, 이제 수학 문제집 풀러 가자"라고 말하며 부드럽게 손을 잡고 일

으켜 세웁니다.

→ 손을 잡은 채 책상 앞으로 데려갑니다.

→ (문제집이 없다면) "수학 문제집 어디에 뒀니?"라고 묻습니다.

→ 수학 문제집이 있는 장소로 아이와 함께 이동합니다.

→ 문제집을 들고 아이와 함께 책상으로 돌아옵니다. 연필과 지우개를 함께 챙깁니다.

→ (책상에 책을 둘 곳이 없다면) "이거 같이 치우자" 하며 아이와 함께 간단히 정리합니다.

→ "어디부터 공부하면 돼?" 문제집을 펼치도록 격려합니다.

보통은 이 단계까지 하면 문제를 풀려고 하는 자세를 보입니다. 그런데 혹시 이렇게 했는데도 공부를 시작하지 못한다면 다음과 같이 말해봅니다.

"한번 같이 풀어볼까? 자, 1번 문제. 35+26부터 해보자. 어떻게 계산하면 돼? 응, 좋아. 그럼 다음 문제."

이런 식으로 몇 문제를 함께 풀어줍니다. 이쯤에서 "이렇게까지 부모가 움직여야 하나? 아이를 독립적으로 키우는 훈련도 해야지. 자기 좋자고 공부하는 거지, 부모 좋자고 공부하나?"라는 의견을 피력하는 분도 있을 겁니다. 그것도 당연히 맞는 말입니다. 아이가 혼자서 척척 책상에 앉아 '내 인생은 지금 내가 얼마나 열심히 하느냐에 달렸어!'라고 생각할 수 있으면 얼마나 좋을까요? 하지만 아직 어린아이들에게 이런 수준의 의지력을 기대하기는 솔직히 어렵습니다. 그것은 미래를 내다볼 줄 아는 능력이 생기는 시기, 자기 인생에 대해 진지하게 고민하는 시기, 즉 사춘기에나 만들어지기 시작합니다.

앞에서 제가 중학생에게 과외를 하다가 좌절했다고 이야기했지요. 중학생도 책상에 앉히는 게 보통 힘든 일이 아닙니다. 그런데 초등학생이나 미취학 아이는 얼마나 어려울까요? 이 아이들은 열심히 공부하면 뭐가 좋은지 아직 잘 모릅니다. 공부해야겠다는 생각 자체가 희미합니다. 지금은 이렇게 부족한 의욕을 보충해준다는 마음으로 접근하면 충분합니다.

그리고 무엇보다도 아이가 공부를 열심히 하면 아이 본인에게만 좋은 게 아닙니다. 솔직히 부모에게도 좋아요. 자식 잘 키우는 능력자 부모가 될 수 있고, 담임 선생님 앞에서도 당당해질 수 있습니다. 저는 사실 그래서 '저 좋자고' 이 귀찮은 과정을 지금도 종종 하고 있습니다. 이렇게 생각하면 앞에서 언급한 과정이 조금은 덜 짜증스럽게 느껴질 겁니다.

정지해 있는 자동차를 미는 상황이라면, 움직이기 시작할 때까지가 가장 많은 힘이 듭니다. 하지만 일단 움직이기 시작하면 적은 힘으로도 밀 수 있습니다. 움직일 때까지만 힘껏 도와주세요. 그 뒤로는 아이 혼자 해낼 수 있습니다.

📖 방법 ④_ 아이가 공부를 거부하면 일단 물러난다

변덕스러운 고객의 관심을 계속 붙들기란 보통 어려운 일이 아닙니다. 그런데 고객이 하루에도 몇 번씩 마음이 바뀌는 아이라면? 게다가 상품이 재미없기로 유명한 공부라면? 부모는 '고객이 언제든 등을 돌릴 수 있다'를 마음에 새겨야 합니다. 아이는 언제든 공부하지 않겠다고 선언할 수 있습니다.

"나 오늘 문제집 안 풀래. 하기 싫어."

이럴 때는 어떻게 대처하면 좋을까요? 저는 일단 멈추기를 추천합니다. 어떤 말도, 어떤 행동도 하지 않는 것이지요. 그리고 뒤로 물러서서, 아이가 마음의 결정을 내릴 때까지 기다립니다. 강요나 설득은 단기간에는 효과가 있을지 몰라도 고객을 오랜 시간 머무르게 할 수 있는 방법이 아니기 때문입니다.

하지만 그런데도 억지로 시켜야 한다는 생각이 들 수 있습니다. 아이가 공부를 거부할 때 물러서면, 왠지 양육에 일관성이 없어지는 느낌이 들거나 나쁜 버릇이 생길까 봐 두려울 수 있습니다. 충분히 이해합니다. 저도 비슷한 경험을 한 적이 있거든요. 문제집 앞에서 그저 버티는 아이를 보며 밀어붙여야 할지 물러나야 할지 동공이 흔들린 적이 한두 번이 아닙니다.

"수학 문제집 다 풀었어?"
"아니. 오늘은 안 할래. 힘들어."
"고작 2페이지가 뭐가 그리 힘들어? 후딱 풀고 놀지 그래."
"계산하는 거 진짜 싫단 말이야. 지겨워. 어지럽고 머리 아파."
"그래도 풀어야지 어떡해. 수학 잘하려면 계산은 당연히 해야 하는 건데. 너 좋자고 하는 공부지, 나 좋자고 하는 공부냐?"
"몰라. 그냥 다 싫어. 나한테 좋든 말든 오늘은 안 할 거야. 하기 싫어. 나 공부 못해도 좋아."

'여기서 물러서면 앞으로 툭하면 공부 안 한다고 하겠지? 저번에도 우겨서 통했으니 말이야. 그렇다고 윽박질러 억지로 책상에 앉힐 수도 없고. 지 공부인데 내가 화내는 것도 웃기잖아. 아이고, 모르겠다. 나도 어지럽고 머리가 아프다.'

그러나 양육의 일관성을 지키는 것과 공부를 시키는 것은 결이 다릅니다. 양육의 일관성이란, 규칙을 어겼을 때 일관적으로 훈육하는 걸 의미합니다. 어떤 때는 훈육하고, 어떤 때는 그냥 지나가고 그렇게 하지 말라는 것입니다. 그럼 아이가 그 행동을 해야 할지 말아야 할지 혼란스럽기 때문이지요. 예를 들어 '실내에서 뛰어다닌다'라면, 아이가 뛰어다닐 때마다 일관적으로 지적해야 합니다. 부모가 귀찮다고 가끔 지적하지 않으면 아이는 실내에서 뛰어도 될지 말아야 할지를 매번 눈치 보게 되니까요.

하지만 공부는 '지켜야 할 규칙'이 아닙니다. 애초에 아이가 해도 되고, 안 해도 되는 것입니다. 무엇에 의해서? 본인의 의지에 따라서요. 즉, 부모가 강요할 권리는 없다는 뜻입니다. 일관적으로 강요한다고 일관적으로 하게 될 리도 없고요. 의지는 자기에게 선택권이 있다고 느낄 때 생깁니다. 본인이 하기 싫을 때도 무조건 해야 하는 거라면 무슨 의지가 샘솟을까요? 노예와 다름없는걸요. 노예가 일을 열심히 하고 싶을까요? 몰래 도망갈 의지만 키우겠지요.

하기 싫다고 하면 아이 스스로 돌아올 때까지 기다려주세요. 잠시 쉰다고 공부에 대한 '나쁜 버릇'이 생기지는 않습니다. 공부에서 나쁜 버릇이란, 공부가 꼭 필요한 상황인데 게으름을 부리고 싶어서 노는 것이잖아요. 그런데 지금 이 또래의 아이들은 공부가 꼭 필요하다는 인식조차도 못 합니다. 아직 어리기 때문이지요.

부모가 아이를 공부시키는 이유는 무엇일까요? 좋은 직업을 가졌으면 하는 마음 때문입니다. 즉, 좋은 직업을 가지려면 공부를 열심히 해야 하는 것입니다. 종합하면 사고의 흐름은 다음과 같이 흘러갑니다.

좋은 직업을 가지고 싶다 → 공부를 열심히 한다 → 좋은 직업을 가진다

부모에게는 너무나 당연한 논리적 흐름입니다. 하지만 이 또래의 아이들은 '좋은 직업을 가지려면 공부를 열심히 해야 한다'라는 바로 이 개념이 없습니다. 다음은 교육부에서 초등학생을 대상으로 희망 직업을 조사한 결과입니다.

초등학생 희망 직업, 교육부, 2018~2020

구분	2018년	2019년	2020년
1	운동선수	운동선수	운동선수
2	교사	교사	의사
3	의사	크리에이터	교사
4	조리사(요리사)	의사	크리에이터
5	크리에이터	조리사(요리사)	프로 게이머
6	경찰관	프로 게이머	경찰관
7	법률 전문가	경찰관	조리사(요리사)
8	가수	법률 전문가	가수
9	프로 게이머	가수	만화가(웹툰 작가)
10	제과·제빵사	뷰티 디자이너	제과·제빵사

운동선수, 의사, 교사, 크리에이터, 프로 게이머, 경찰관, 요리사, 가수, 만화가, 제과·제빵사, 법률 전문가, 뷰티 디자이너… 상위 10위권 중에 공부를 죽어라 해야만 될 수 있는 직업도 많지 않지만, 그 몇 개조차 '○○가 되려면 열심히 공부해야겠구나!'라는 생각을 하고 답한 게 아닙니다. 아이들은 선생님이 되고 싶다고 마음을 먹으면 선생님이 된다고 믿습니다. 중간에 어떤 과정을 견뎌내야 하는지, 얼마나 노력해야 하는지 등은 전혀 인지하지 못합니다. 아직 사고 수준이 그렇습니다.

"엄마, 난 앞으로 건축가가 될 거야."

(3일 후)
"난 요리사가 되고 싶어."

(5일 후)
"과학자가 되어서 발명품을 개발할 거야."

(7일 후)
"나는 앞으로 건축가, 요리사, 과학자, 그리고 사업가가 될 거야."
"그걸 어떻게 한꺼번에 다 해?"

"왜? 난 다 할 수 있어!"

"그래……."

어린아이들이 공부를 안 하고 노는 건 '나쁜 짓'이 아닙니다. 훈육하듯이 바로잡아야 할 습관도 아닙니다. 아이들은 애초에 왜 공부해야 하는지를 모릅니다. 이런 아이들을 억지로 책상에 앉힌다고 해서 진짜 공부 습관을 만들 수 있을까요?

이 시기의 아이들이 책상에 앉는 가장 큰 이유는 바로 '부모' 때문입니다. '부모님의 인정을 받기 위해서', '부모님이 싫어하는 걸 보고 싶지 않아서' 이런 이유로 아이들은 공부합니다. 그래서 지금은 하기 싫다는 아이를 어르고 달래 책상에 앉혀둘 수 있습니다. 이 시기 아이에게 부모는 절대적인 존재이기 때문입니다. 하지만 그 습관은 아이가 자라 부모의 영향력이 사라지는 순간 힘을 잃습니다. 가짜 습관이었던 것이지요. 가짜 습관을 지키려고 아등바등할 필요가 없습니다. 아이와 실랑이하며 생길 부작용을 고려하면 솔직히 말리고 싶습니다. '최대한 쉽고 편안하고 자유롭게' 이것이 바로 이 시기의 공부 원칙입니다. 아이가 저항하면 바로 물러나세요.

마지막으로 우리의 어린 시절을 떠올리며 언제 공부 의욕이 올라가고 내려갔는지를 생각해봅니다.

• 공부 의욕이 올라갈 때

— 도서관에 갔을 때

— <장학퀴즈>를 본 직후

— 책상이 깨끗이 정리되어 있을 때

—

—

• 공부 의욕이 내려갈 때

— 공부하라는 잔소리를 들을 때

— 하기 싫다는데 억지로 시킬 때

—

—

이것이 바로 아이를 책상에 앉히는 모범 답안입니다.

서울대 의대 엄마표 공부 전략의 기초

본격적인 공부 전략으로 들어가기 전에 다시 한번 정리를 해보겠습니다.

- 아이 공부의 최종 목표는? 좋은 성적을 받는 것
- 좋은 성적을 받는 비결은? 시험 범위를 잘 외우는 것
- 본격적인 시험은 언제부터? 중학교 입학 이후
- 초등까지의 공부 목표는? 본격적인 시험에서 고득점을 올릴 기반 쌓기

공부 전략을 짤 때 이 내용을 꼭 염두에 두길 바랍니다.

🔖 전략 ①_ 일찍부터 공부시키지 않는다

공부는 중학교 때부터가 중요하다는 사실을 머리로는 알지만, 마음으로 받아들이기는 어렵습니다. 옆집 아이가 국어, 수학, 과학 등 2~3곳의 학원을 벌써 다니는 걸 보면 아무리 확고한 교육관을 가진 부모라도 은근히 흔들리기 마련입니다.

꼭 남보다 앞서고 싶어서 어린아이를 공부시키는 것은 아닐 겁니다. 현재 학교에서 가르치는 내용이 너무 별것 없어 보이고, 우리 아이만 노는 것 같아 불안할 수도 있습니다. 사실 대부분의 부모들이 이런 이유 때문에 울며 겨자 먹기로 조기 사교육을 시킵니다. 이해가 안 되는 건 아닙니다. 저도 그 유혹에 꽤 오랫동안 시달렸습니다. 특히 아이가 초등학교에 입학할 무렵, 같은 반이 된 친구 엄마를 따라 국어, 수학 학원을 세트로 함께 보내볼까 진지하게 고민한 적도 있었습니다. 직접 차를 태워 데려다줘야 하고, 밤 9시까지 수업한다는 사실에 간신히 마음을 접었지만요.

그런데 사실 학교의 교육 과정은 (마음에 들지 않는 건 충분히 공감하지만 그럼에도 불구하고) 꽤 체계적입니다. 아이의 발달 수준을 고려해서 만들었기 때문입니다. 그 연령에서 '쉽게' 배울 수 있으리라 생각되는 내용을 가르칩니다. 특히 공부를 시작하는 어린 연령에서는요. 처음부터 어렵게 가르치면 아이들이 다 포기할 테니까요.

학교도 안 가겠다고 할 거고요. 그래서 부모 눈에는 '이건 좀 너무 쉬운 것은 아닌가' 싶을 수도 있습니다.

그렇다면 반대로 이 시기의 사교육은 아이의 연령에 비해 어려울 수도 있다는 것입니다. 실제로 커리큘럼을 살펴보면 연령에 비해 난이도가 상당합니다. 7살을 대상으로 한 수학 문제집 목차를 봤더니 '두 자리의 수 - 한 자리의 수' 문제도 나오더군요. 그런데 이 시기 아이들의 인지 능력이란 손가락 범위 내에서의 덧셈도 겨우 할 수 있는 수준입니다. 예를 들어 '3+4'를 물으면 손가락 3개를 먼저 펴고, 이어서 4개를 더 펴고, 다시 하나, 둘, 셋, 넷, 다섯, 여섯, 일곱을 세어야 답을 구할 수 있다는 말입니다. 그런데 빼기라니요. 그것도 손가락 범위를 넘어가는 어마어마하게 큰 수에서요.

'15 - 6' 손가락으로 어떻게 15를 표현하고 6을 뺄 수 있을까요? 7살 아이에게는 너무 어려운 과제입니다. 이러면 아이가 공부를 싫어하게 될 수도 있습니다. 세상에 어려운 걸 좋아하는 사람이 몇이나 있겠습니까? 무엇이든 '본인이 잘해야' 재미있습니다. 게다가 공부는 원래 지겹기로 유명합니다. 그렇다면 어떻게든 쉽게 가르치거나 짧게 시켜야지요. 그런데 조기 교육은 둘 다 아닙니다. 공부를 어렵게 만들고 시작만 앞당깁니다. 남들보다 2년 먼저 시작했다면 아이는 괜스레 2년 더 공부하는 셈입니다.

공부야말로 끝까지 포기하지 않는 사람이 승자로 남습니다. 머리가 좋든 나쁘든 부모가 끌어주든 아니든 아이가 버티는 게 가장 중요합니다. 모든 조건이 완벽한 아이도 중간에 포기하는 경우를 많이 봤을 것입니다. 그런데 그 힘든 과정을 더 연장하자고요? 그렇다면 아이가 열심히 공부해야 하는 기간은 얼마일까요? 보통 초등 입학부터 대학 입시까지 12년이라고 이야기하지만, 그게 끝이 아닙니다. 공부로 먹고사는 직업, 이를테면 의사가 되려면 대학을 입학한 뒤로도 최소 11년간은 더 공부해야 합니다.

저는 재수 없이 소위 현역으로 의대에 입학했습니다. 유급 없이 졸업했고, 인턴과 레지던트도 바로바로 이어서 했습니다. 최단 시간에 의사가 되는 과정을 마친 것이지요. 그런데 제 나이 31살에 전문의 시험을 봤습니다. 그럼 초등 1학년부터 도대체 몇 년을 공부한 건가요? 23년입니다. 전문의 시험을 볼 때쯤이 되니 앞으로 시험은 더 이상 보고 싶지 않다는 생각이 들더군요. 그런데 이걸 2년 먼저 시작한다? 25년이요? 상상하고 싶지도 않습니다. 그랬다면 2년 먼저 관두지 않았을까 생각합니다.

어린 나이에 꾸역꾸역 시켜봤자 별로 차이도 안 납니다. 본격적인 공부 레이스는 아무리 일러도 14살부터 시작됩니다. 7살에 구구단을 배우나, 8살에 구구단을 배우나, 9살이 되어 학교에서 배울 때는 다 똑같아집니다. 서두르지 않아도 됩니다. 그런데 제가 이런 이야기를 하면 "자기 자식 아니라고 아무렇게나 말한다. 남의 자식 공부 못하게 하려고 그러냐?"라는 식으로 반응하는 분들이 있습니다. 과연 그럴까요? 만약 남의 아이를 공부 못하게 만들려고 했다면 저는 오히려 이렇게 말했을 것입니다.

"어릴 때부터 열심히 시키세요. 먼저 시작할수록 유리합니다."

그럼 개인적으로도 이익을 얻을 수 있을 겁니다. 남들이 다 지쳐서 나가떨어지면 제 아이가 상대적으로 성적이 오를 테니까요.

저는 장거리 시합에서 확실하게 실패하는 방법을 알고 있습니다. 바로 초반에 빨리 달리는 전략입니다. 20살 때 10km 달리기 경주에 나간 적이 있었습니다. 거기서 다양한 사람들의 모습을 관찰할 수 있었지요. 그런데 신기하게도 참가자 중 가장 먼저 포기하는 부류가 20대의 건장한 청년들이었습니다. 본인들이 빠른 속도로 계속 달릴 수 있다고 착각하는 바람에요. 그들은 출발선부터 신나게 튀어 나갔습니다. 초반에 천천히 뛰는 주변 사람들을 앞지르면서 아마 우쭐하기도 했을 겁니다. 하지만 5km도 못 가서 결국 걷고, 서서 물 마시고, 난리였습니다. 그들이 끝까지 완주했는지는 모르겠습니다. 중반에 저보다 뒤처진 후로는 단 한 번도 제 눈앞에 나타나지 않았거든요.

공부의 길이라고 다를까요? 장거리 시합은 무작정 빨리 달린다고 정복할 수 있는 게 아닙니다. 중간에 포기하지 않으려면 신중하게 접근하는 전략이 필요합니다.

🔖 전략 ②_공부 습관에 집착하지 않는다

수많은 자녀 교육서에서 '중고등학교에 가서 혼자 공부하도록 만들려면 어릴 때부터 매일 공부하는 습관을 들여야 한다'라고 합니다. 덕분에 평생 공부 습관을 잡는다고 초등 1~2학년, 심지어 6살짜리를 책상 앞에 붙들어두는 일이 벌어지기도 하지요. 여기서 저는 좀 의문이 들었습니다. 어릴 때 습관을 들인다고 그게 중고등까지 저절로 이어질까요? 그렇게 해서 앞으로 '습관적으로' 공부하게 되면 얼마나 좋을까요? 하지만 이 방법이 통하면 세상에 공부 못할 사람이 어디 있겠어요. 아이가 공부 안 한다고 속상해할 부모도 찾아볼 수 없겠지요.

공부는 매번 '의지를 끌어모아야만' 할 수 있는 일입니다. 한번 습관이 든다고 자연스레 책상에 앉는 기적은 일어나지 않습니다. 공부는 중독성이 없기 때문입니다. 우리가 흔히 '습관적으로 커피를 마신다. 습관적으로 담배를 피운다. 습관적으로 술을 마신다'라고 하지요. 커피, 담배, 술의 공통점은 무엇일까요? 본인의 의지와는 상관없이 몸이 달라고 안달복달하는 것입니다. 그래서 이런 것들은 한번 습관이 들면 특별한 계기가 생기지 않는 한 대개 평생 갑니다. 하지만 공부는 딱히 몸이 원하지 않습니다. 본인의 의지로 언제든지 그만둘 수 있습니다. 초등 공부 습관이 평생 가지 않는 건 이런 이유 때문입니다.

부모도 학창 시절에는 아침 8시부터 밤까지 매일 공부했습니다. 사람마다 차이는 있겠지만 인생에서 최소 2~3년은 그랬을 것입니다. 그런데 그때의 공부 습관이 이후로도 이어지던가요? 대학 입학 후에도 아침 8시만 되면 공부하고 싶어서 몸이 근질거렸던 분이 있다면 한번 손을 들어보세요. 장담하건대 분명히 없을 겁니다. 이것이 바로 부모가 굳게 믿고 있었던 '공부 습관'의 실체입니다.

한편, 설령 어린 시절에 들여놓은 공부 습관이 중고등까지 이어진다고 해도 별로 권장하고 싶지는 않습니다. '꾸준히 일정량 복습하기'와 같은 공부 방법은 들이는 노력에 비해 효과가 미미하기 때문입니다. 한번 생각해보세요. 매일 학교에서 배운 내용을 복습하고 문제집을 10페이지씩 푸는 것이 '시험에서 고득점을 올리는 데' 얼마나 도움이 될까요? 저는 잘 모르겠습니다. 안 하는 것보다야 당연히 낫겠지만, 그렇게 꾸준히 공부한다고 좋은 성적이 나오는 것은 아니라고 생각합니다. 왜냐하면, 우리의 기억력은 기대만큼 좋지 않기 때문입니다. 한 달 전에 공부한 내용을 시험 전날 얼마나 기억할 수 있을까요? 3분의 2 정도 기억하면 다행일 것입니다. 이것을 극복하려면 다시 봐야 합니다. 복습이 필요합니다. 그러면 여기서 의문이 생길 것입니다.

"네? 그렇다면 복습은 시험을 잘 보는 데 도움이 된다는 말이잖아요. 그런데 왜 효과가 별로라는 거예요?"

맞습니다. 배운 내용을 복습하는 것은 좋은 성적을 받는 데 필수적입니다. 하지만 그 시기가 '매일'이면 큰 도움이 안 됩니다. '시험 직전'에 반복해서 봐야 효과가 있습니다. 우리의 뇌는 몇 시간만 지나면 잊어버리기 시작하기 때문입니다.

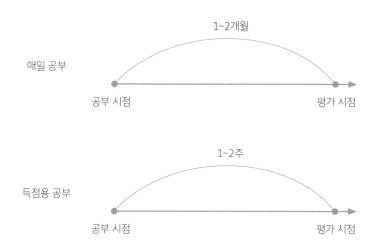

즉, 시험이란 '타이밍 싸움'이기도 합니다. 시험 직전에 2번 볼 수 있냐, 3번 볼 수 있냐에 따라 점수가 달라집니다. 따라서 만약 초등 시절에 군이 '공부 습관'이라는 것을 들인다면, 시험 직전에 집중적으로 공부하는 습관을 들이는 편이 차라리 낫습니다.

우리의 학창 시절을 떠올려보세요. 얌전한 모범생이 한 반에 한두 명은 꼭 있었습니다. 그들은 진짜 성실합니다. 매일매일 공부하는 게 눈에 보일 정도입니다. 실제로 아는 것도 많습니다. 평소에 아는 것으로만 따지면 전교 1등보다 공부를 더 잘하는 것 같습니다. 그런데 막상 시험만 보면 이상하게 최상위권에 못 듭니다. 그도 그럴 것이 이 친구들을 살펴보면 시험 기간에도 평소처럼 공부합니다. 잠을 줄이거나 쥐어짜지 않습니다. 그래서 최고 점수를 받지 못합니다.

여기서 잠깐, 그 친구들은 왜 그렇게 행동할까요? 혹시 성적 따위에 초연한 걸까요? 물론 그럴 수도 있습니다. 몇 점 더 받자고 잠을 줄일 수는 없다는 신념이 있을 수도 있습니다. 하지만 혹시 이런 가능성은 없을까요? 폭발시킬 에너지가 부족했을 가능성 말입니다. 이전에 슬금슬금 에너지를 다 써버린 까닭에요.

오해는 하지 마세요. 전 이런 공부 방법을 폄훼하려는 게 아닙니다. 오히려 이상적이라고 생각합니다. 꾸준히 공부하는 게 뭐 어때서요? 저도 벼락치기 따위는 원치 않습니다. 하지만 시험의 규칙이 그런 걸 어떡할까요. 잘 보려면 집중해서 힘을 쏟아야 하는걸요. 공부는 막판 스퍼트가 정말 중요합니다. 그런데 단거리 선수가 평소에 마라톤을 뛰고 있으면 될까요? 그래서 초등 아이에게 꾸준히 공부하는 걸 굳이 강조하지 말라고 이야기하는 겁니다.

솔직히 매일 복습하는 건 정말 재미가 없습니다. 가장 지루한 공부법이라고 해도 과언이 아닙니다. 인간은 반복하는 걸 진짜 싫어합니다. 그런데 오늘 아침에 본 내용을 오후에 다시 보라고요? 초등 1학년부터 대학 입시까지 12년 동안? 여러분은 할 수 있을까요? 아니겠지요. 아무리 재미있는 소설책도 하루에 2번씩 보라고 하면 도망가고 싶을 겁니다. '공부는 아이의 과제니 어쩌니'라는 심오한 문제까지 들어가지 않더라도 일단 사람이 싫다는 걸 계속 시키면 어떻게 될까요? 화가 나고 우울해지고 의욕이 없어집니다. 아이 공부에 도움이 될 리가요.

매일 학교에서 배운 내용 전부 복습하기, 매일 과목별로 4페이지씩 문제집 풀기 등 기존의 초등 아이 공부법에 익숙한 분들이라면, 전반적으로 힘을 조금 뺄 필요가 있다고 이야기하고 싶습니다. 학교 수업의 부족한 부분을 집에서 채워줄 필요는 분명 있습니다만, 추가로 더 시키지는 마세요.

초등 공부는, 학교 진도에 맞춰서 아이가 잘 따라가는지만 확인하면 됩니다. 아이의 교과서와 노트를 주기적으로 살펴보고, 쪽지 시험과 수행 평가에서 무엇을 틀리는지 관찰해보세요. 아이가 어떤 부분을 어려워하는지 비교적 쉽게 알 수 있습니다. 그것만 보충해주면 됩니다. 딱히 부족하지 않은데 억지로 매일 학교 진도를 복습할 이유는 없습니다. 잘하는 것 같으면 내버려두세요. 굳이 공부하는데 사서 고생을 할 필요가 있을까요? 최대한 편하고 쉬운 방법을 찾아보세요. 그래야 포기하지 않고 오래오래 끝까지 공부할 수 있습니다.

거듭 강조하지만, 지금 아이가 하는 공부의 최종 목적은 시험에서 좋은 성적을 거두는 것입니다. 좋은 점수를 받으려면 시험 전 단기간에 온 집중력을 쏟아내야 합니다. 공부 습관을 잡는다고 매일매일 아이와 책상 앞에서 실랑이하지 마세요. 차라리 그 힘을 모아 적시에 쏟아붓도록 도와주면 그만입니다.

🔋 전략 ③_ 무턱대고 남들을 따라 하지 않는다

얼마 전 한 학부모 카페에 갔다가 이런 게시글을 발견했습니다.

> 초등 6학년 아이를 의대에 보내고 싶습니다. 지금부터 준비하면 이미 늦었을까요? 지금까지 선행 학습을 안 해서 못 따라잡을 것 같긴 합니다.

조금 의아했습니다. '세상에, 공부를 제대로 시작도 안 할 나이에 이게 무슨 소리지? 앞서간다는 다른 6학년 아이가 지금까지 한 공부량이래봤자 솔직히 얼마나 된다고. 게다가 앞으로 6년도 더 넘게 남았는걸.'

그런데 댓글이 더 놀라웠습니다. 이미 늦은 것 같다, 늦었지만 지금부터라도 시작해봐라, 본인 아이는 그 무렵 어떤 문제집을 풀었다… 줄줄이 달린 댓글을 읽고 있자니 이미 의대 입학에 성공한 사람이 봐도 겁이 나더군요. 제가 초등 6학년 때 이런 글을 봤다면 당연히 의대 입학은 포기했을 겁니다. 그 옛날 제 어머니가 이런 정보를 접하지 않아서 천만다행이라고 가슴을 쓸어내렸습니다.

아마 여러분도 이런 이야기를 많이 들어봤겠지요. 요즘에는 공부를 잘하려면 무슨 학원에 보내야 하고, 어떤 문제집을 풀려야 하고, 몇 학년에는 뭘 시켜야 하고… 계속 듣고 있으면 어떤가요? 시작부터 말 그대로 질립니다. 그 많은 걸 어떻게 다 하나요. 그랬다면 저는 청소년기에 가출을 시도했을지도 모릅니다.

여기서 "요즘 공부하기가 얼마나 어려워졌는데요. 해야 할 것도 많고요. 우리 때와는 확실히 달라요"라고 반론을 제기하고 싶은 분도 있을 겁니다. 당연히 저도 들어봤습니다. 하도 여러 번 들어서 저도 모르게 불안해질 지경으로요. 하지만 저는 '이런 이야기가 과연 사실인가?' 의구심이 들었습니다.

그래서 학교에서 가르치는 교과 과정이 바뀌었는지 한번 확인해봤습니다. 어렵다고 난리인 수학 교과 과정을 찾아봤습니다. 그런데 아무리 봐도 예전이나 지금이나 달라진 게 딱히 없는 것 같았습니다. 요즘 초등학생 역시 자연수의 사칙 연산, 길이, 시간, 무게, 분수와 소수의 사칙 연산, 평면도형의 개념, 평면도형의 넓이, 직육면

체의 부피와 겉넓이, 입체도형의 개념, 평균 구하기, 비와 비율, 표와 그래프 등을 배우고 있었습니다.

초등 1~6학년 수학 교육 과정

1학년		2학년		3학년	
1학기	2학기	1학기	2학기	1학기	2학기
1. 9까지의 수	1. 100까지의 수	1. 세 자리 수	1. 네 자리 수	1. 덧셈과 뺄셈	1. 곱셈
2. 여러 가지 모양	2. 덧셈과 뺄셈(1)	2. 여러 가지 도형	2. 곱셈구구	2. 평면도형	2. 나눗셈
3. 덧셈과 뺄셈	3. 여러 가지 모양	3. 덧셈과 뺄셈	3. 길이 재기	3. 나눗셈	3. 원
4. 비교하기	4. 덧셈과 뺄셈(2)	4. 길이 재기	4. 시각과 시간	4. 곱셈	4. 분수
5. 50까지의 수	5. 시계 보기와 규칙 찾기	5. 분류하기	5. 표와 그래프	5. 길이와 시간	5. 들이와 무게
	6. 덧셈과 뺄셈(3)	6. 곱셈	6. 규칙 찾기	6. 분수와 소수	6. 자료의 정리
4학년		5학년		6학년	
1학기	2학기	1학기	2학기	1학기	2학기
1. 큰 수	1. 분수의 덧셈과 뺄셈	1.자연수의 혼합 계산	1. 수의 범위와 어림하기	1. 분수의 나눗셈	1. 분수의 나눗셈

2. 각도	2. 삼각형	2. 약수와 배수	2. 분수의 곱셈	2. 각기둥과 각뿔	2. 소수의 나눗셈
3. 곱셈과 나눗셈	3. 소수의 덧셈과 뺄셈	3. 규칙과 대응	3. 합동과 대칭	3. 소수의 나눗셈	3. 공간과 입체
4. 평면도형의 이동	4. 사각형	4. 약분과 통분	4. 소수의 곱셈	4. 비와 비율	4. 비례식과 비례배분
5. 막대 그래프	5. 꺾은선 그래프	5. 분수의 덧셈과 뺄셈	5. 직육면체	5. 여러 가지 그래프	5. 원의 넓이
6. 규칙 찾기	6. 다각형	6. 다각형의 넓이	6. 평균과 가능성	6. 직육면체의 부피와 겉넓이	6. 원기둥, 원뿔, 구

　중학생은 소인수분해, 정수와 유리수 계산, 일차방정식, 이차방정식, 입체도형의 겉넓이와 부피, 일차함수, 이차함수, 삼각형, 사각형, 원의 성질, 부채꼴, 원주각, 경우의 수를 배우고 있었습니다. 고등학생은 방정식, 집합과 명제, 지수와 로그함수, 삼각함수, 수열, 미분, 적분, 확률, 통계를 배우고 있었습니다. 부모 세대가 배운 내용을 지금도 가르치고 있었습니다. 외워야 하는 공식도 그대로였고요. 어떤 문제집은 제가 어린 시절 풀던 것과 서체까지 똑같아서 반가운 마음이 들 정도였습니다.

　'과제가 그대로인데, 왜 예전보다 공부하기 어려워졌다고 난리일까? 왜 똑같은 걸 익히는 데 요즘은 선행도 해야 하고, 학원도 어

릴 때부터 다녀야 하고, 집에서 따로 더 공부해야 하는 걸까?'

이유인즉슨 경쟁이 심해져서 그렇다더군요. 다들 선행도 하고, 대치동 학원도 다니고, 그러기 때문에 뒤처지지 않으려면 어쩔 수 없다는 것입니다. 그래서 요즘 아이들이 공부하기 힘들다고요.

그런데 시험은 '시험 범위를 얼마나 잘 배우고 익혔냐'만 평가합니다. 어떻게 평가할까요? 지필 고사의 한계로 인해 시험은 보통 '얼마나 잘 외웠는지'를 물을 수밖에 없습니다. 즉, 아이가 시험 범위를 잘 암기만 하면 됩니다. 그럼 암기는 어떻게 할까요? 아이 '혼자' 책상에 앉아 책에 밑줄 그어가며 외우면 됩니다. 다시 말해 남들이 학원에 다니든 1년을 앞서서 공부하든 우리 아이가 공부를 잘하는 것과는 전혀 상관없다는 뜻입니다.

경쟁이 심해진 게 문제라면 교재 2번 볼 걸 3번 보고, 4번 보고, 이 단계에서 완벽을 도모해야지요. 중고등학교 때 현행 학습에 공을 더 들이면 된다는 이야기입니다. 미취학 때부터 공부시키고, 중고등 과정을 초등 때 미리 공부시키고, 이럴 때가 아니라요. 시험을 14살 때 보는데 왜 12살에 미리 공부하나요? 그럼 다 잊어버릴 텐데요. 이런 비효율적인 공부가 어디 있을까요.

오히려 소문에 휩쓸려 어린 시절부터 이것저것 다 시키면 공부가 어렵고 힘들어져 도전할 의욕을 잃게 될 수도 있습니다. 교육부에서 조사한 '2017~2020 국가 수준 학업 성취도 평가 현황'을 살펴보면, 중3 아이 중 수학 과목 기초 학력 미달 비율이 2017년 7.1%에서 2020년 13.4%까지 올라갔다고 합니다. 학교에서 가르치는 내용이 해마다 어려워진 것은 아닐 테고, 아이들은 예전보다 공부를 더 많이 하는데, 왜 이런 일이 벌어질까요?

답은 문제 안에 있습니다. 공부를 더 시킬수록 포기하는 아이가 늘어나는 것입니다. '공부할 게 너무 많아. 도저히 못하겠어'라며 손을 놓아버리는 것입니다.

요즘은 예전보다 공부하기 어렵다는 소문이 돈다 → 공부를 미리, 더 많이 시킨다 → 아이들이 지쳐서 포기한다 → 갈수록 공부하기 어렵다는 소문이 돈다

그야말로 어처구니가 없는 일이지요. 아이의 공부를 도와주려고 시도한 노력이 오히려 아이의 공부 의욕을 꺾어버리는 결과를 초래하다니 말입니다.

우리가 무엇인가에 도전하려면 일단 그게 '해볼 만하다'라는 느낌을 받아야 합니다. 너무 어려워 보이고 엄두가 안 나면 의욕 또한 나지 않는 게 인간의 본성입니다. 따라서 아이가 공부를 열심히 하길 바란다면 '공부 그까짓 것 포기만 안 하면 누구나 할 수 있어. 쉬워'와 같은 생각을 가지도록 해주는 게 좋습니다.

요즘 같은 때일수록 부모가 중심을 잘 잡아야 합니다. 소문에 휘둘리지 말고 합리적으로 판단해야 합니다. 지금 남들이 뭘 하든지 말든지 시험을 잘 보는 데 필수적이지 않은 과정은 아이에게 시키지 마세요. 굳이 안 해도 됩니다. 문해력, 연산력, 체력과 같은 공부의 필수 기본기만 갖춘다면 중고등 가서 공부를 못할 이유가 하나도 없습니다. 초등 시절은 그 기본기를 쌓는 최적의 시기이자 동시에 마지막 시기이기도 합니다. 지금, 이 순간에 집중하세요. 그게 가장 효율적인 전략입니다.

Part 2

부모가
절대 놓쳐서는 안 될
37가지 공부 기본기

우리는 지금까지 아이 공부에 어떻게 접근해야 하는지 살펴봤습니다.

- **본격적인 시험은 중학교에 들어가서부터 시작되므로 급할 것 없다**

→ 중학교에 입학하기도 전부터 앞섰는지 뒤처졌는지 따지지 않는다.

→ 조기 교육과 선행 학습을 무리하게 시키지 않는다.

- **미취학, 초등 아이들의 인지 기능은 완성되지 않았고, 또 왜 공부해야 하는지 깨닫지 못하므로 어른의 관점에서 밀어붙이면 안 된다**

→ '이 쉬운 걸 왜 못 해?', '더 어려운 걸 시켜볼까?' 부모 기준으로 판단하지 않는다.

→ "학생이라면 당연히 공부해야 하는 거 아니야? 너 왜 공부 안 하니?" 강요하지 않는다.

→ 아이의 이성이 아닌 감성을 자극해 스스로 책상에 앉도록 만든다.

- **우리가 흔히 해야 한다고 믿어왔던 공부 방식으로는 시험에서 고득점을 보장할 수 없다**

→ 꾸준히, 성실히, 습관적으로 공부시키지 않는다.

→ 남들이 학원 보낸다고 무작정 따라 보내지 않는다.

→ 집중적으로, 효율적으로, 시험에서 진짜 점수를 올릴 수 있도록 전략을 세운다.

이쯤에서 어쩌면 더 혼란스러운 분도 있을 겁니다. 그럼 대체 뭘 시켜야 하냐는 생각이 들 수 있습니다. "어릴 때는 그냥 놀리다가 중학교 올라가서 열심히 하면 된다는 말인가요?"라고 질문하고 싶을 것입니다. 하지만 그럴 리가요. 지금은 중고등 시험에 대비할 수 있는 '진짜 공부 기본기'를 탄탄하게 쌓아야 합니다.

중학교부터는 공부량이 많아서 '단시간에 효율적'으로 공부하는 게 무엇보다 중요합니다. 시험 범위를 1번 읽고 들어가냐, 2번 읽고 들어가냐, 3번 읽고 들어가냐에 따라서 점수가 완전히 다르게 나오기 때문입니다. 천재가 아닌 이상 한두 번 봐서는 '이거 공부했는데 생각이 안 나네… 아, 헷갈린다. 답이 3번인가 5번인가. 기억이 엉켰어' 하며 시험장에서 당황하게 됩니다. 이를 방지하려면 확실하게 알 때까지 여러 번 반복해야 합니다. 짧은 시간에 많은 양의 공부를 해낼 수 있는 아이가 유리합니다.

그렇게 되려면 초등 시절에 '혼자 공부해낼 수 있는 능력'을 키우는 것이 반드시 필요합니다. 이어서 자세히 다루겠지만, 학원에 다니거나 인강(인터넷 강의)을 듣는 것은 혼자 공부하는 것보다 시간이 많이 소요되기 때문입니다.

그렇다면 지금 우리 아이에게 어떤 능력을 길러줘야 할까요? 혼자서 교재를 읽고 문제를 풀 수 있도록, 시험 기간에 최선을 다해 공부할 수 있도록 만들기 위해서는 말입니다. 저는 3가지 기본기가 필요하다고 생각합니다.

문해력,

연산력,

체력.

📖 문해력 우습게 보면 큰 코 다친다

이 책에서 말하는 문해력의 정의는 다음과 같습니다.

글을 읽어서 뜻을 이해하는 능력.

다소 김이 빠질 수도 있습니다. 상위 0.1%의 공부 비법을 알려주겠다더니, 고작 이거냐 싶겠지요. 이 정도는 굳이 말 안 해도 안다고 말입니다. 어쩌면 식상할 수도 있습니다. '문해력'이 제목에 들어간 책만 벌써 수십여 권이 발간되었으니까요. 한편으로는 '글은 한글만 떼면 자연스럽게 다 읽을 수 있는 건데, 이것을 굳이 아이에게 따로 시켜야 할까' 싶기도 할 것입니다.

다 맞습니다. 공부는 글 읽기가 거의 전부라 할 수 있으니, 더 강조할 필요도 없겠지요. 또 딱히 노력하지 않아도 대부분의 사람들이 '웬만한' 글을 '웬만큼' 읽을 수 있게 되는 것도 사실입니다. 하지만 공부를 '잘'하고 싶다면 그 정도로는 안 됩니다. '어떤' 글이든 '빠르고 정확하게' 읽어낼 수 있어야 합니다.

그런데 이게 너무 당연한 이야기여서 그런지 막상 실제로는 중요하게 여기지 않는 것 같습니다. 우리가 평소에 공기를 잊고 지내는 것처럼 말입니다. 사람이 사는데 없어서는 안 되는 것이 공기인데, 평소에는 아무도 관심이 없습니다. 그러다가 문제가 생기면(미세먼지가 많아지면) 그제야 부랴부랴 발등의 불을 끄려고 노력합니다만, 안타깝게도 그때는 이미 늦었지요.

문해력도 그런 것입니다. 공기 같은 것. 문제가 생기기(성적이 떨어지기) 전까지는 그 중요성을 잊습니다. 그러다 수업 내용이 어려워지고 교과서를 이해하지 못하기 시작하면 그제야 문해력이 부족하다는 사실을 알게 됩니다. 하지만 역시 그때는 이미 늦었지요.

중학교에 들어가면 교과서가 말 그대로 확 어려워집니다. 문해력이 부족한 아이들은 당황합니다. 어휘는 어렵지, 문맥 파악도 안 되지, 결국 글을 풀어서 설명해주는 '강사'를 찾아가게 됩니다. 문제는 이렇게 공부하면 시간이 너무 오래 걸립니다. 교과서 몇 페이지 분량을 강의로 들으면 수업 1시간, 이동 1시간, 학원 숙제 1시간, 적게 잡아도 3시간은 필요합니다. 국어, 영어, 수학, 과학, 사회 이 중 3과목만 그렇게 한다고 가정해보세요. 일주일 내내 하루 서너 시간씩 학원에 다녀야 합니다. 로봇이 아니니 사람이 좀 쉴 때도 있어야겠지요. 학교 숙제도 해야 할 테고요. 그럼 정작 혼자 공부할 시간이 절대적으로 부족해집니다.

> 교재를 혼자서 읽지 못한다 → 학원에 다닌다 → 혼자서 공부할 시간이 줄어든다 → 성적이 떨어진다 → 학원을 더 다닌다 → 혼자서 공부할 시간이 더 줄어든다 → 성적이 더 떨어진다…

자정까지 공부해도 성적이 떨어지는 흔한 과정에 들어섭니다. 이런 아이들을 보면서 "결국 머리가 중요하네. 시켜도 안 되네"라고 섣불리 원인을 추정하지만, 실제로는 글을 못 읽어서 그런 것입니다. 앞에서 이미 이야기했습니다. 성적은 시험 범위를 얼마나 잘 익혔느냐, 이것만 본다고 말입니다. 거기에 어찌 명석한 두뇌가 필요불가결한 요소일까요. 충분히 익힐 '시간'만 있다면 누구나 할 수 있는데요. 다만 그 시간을 내려면 혼자서 글을 파악할 줄 알아야 합니다. 교재를 읽기만 해도 되는 아이와 강의가 필요한 아이의 공부 속도 차이는 어마어마하기 때문입니다.

📖 초등 시절 책 읽기가 아이의 문해력을 결정한다

자, 그렇다면 문해력을 기르는 방법은 무엇일까요?

답은 간단합니다. 책을 많이 읽는 것입니다.

사실 여기까지는 많은 부모들이 알고 있습니다. 그래서 영유아 때부터 열심히 책을 읽어줍니다. 하지만 정작 초등학교에 가면 눈앞의 결과 및 성적에만 급급해 문제집을 풀리고 학원에 보내느라 아이에게 책을 안 읽힙니다. 그러나 문해력이 만들어지는 진짜 결정적인 시기는 초등 입학 이후입니다. 드디어 혼자 책을 제대로 읽는 시기이기 때문입니다. 어려운 책도 보게 되고요. 사실 영유아기에 보는 책은 아무리 열심히 읽혀도 한계가 있습니다. 아이의 이해 수준에 맞춰야 하니 어휘도 쉽고 문장 구조도 단순합니다.

> 철수와 영희는 아침 일찍 일어나 학교에 갑니다.
> "안녕."
> "안녕."
> 친구들과 반갑게 인사해요.

이런 내용의 책을 수백 권 읽는다고 문해력이 키워질까요? 물론 안 하는 것보단 낫겠지요. 그러나 부모가 원하는 수준의 문해력을 얻을 순 없습니다. 다음을 한번 살펴보세요.

> 생물이 사는 곳을 서식지라고 합니다. 지구에는 숲, 강, 바다, 사막 등 다양한 환경의 서식지가 있습니다. 생물은 각각의 서식지에서 양분을 얻고, 번식을 하며 살아가고 있습니다.
>
> 생물은 각 서식지 환경에서 살아남기에 유리한 특징을 지녀야 자손을 남길 수 있습니다. 특정한 서식지에서 오랜 기간에 걸쳐 살아남기에 유리한 특징이 자손에게 전달되는 것을 적응이라고 합니다.
>
> 생물은 생김새와 생활 방식 등을 통하여 환경에 적응됩니다. 선인장의 굵은 줄기와 뾰족한 가시는 건조한 환경에서 생김새를 통해 생물이 적응된 결과입니다. 철새가 다른 지역으로 이동하는 행동은 계절별 온도 차가 큰 환경에서 생활 방식을 통해 생물이 적응된 결과입니다. 그 밖의 생물들도 서식지 환경에서 다양한 방법으로 적응되어 살아남았습니다.

초등학교 5학년 2학기 과학 교과서를 발췌한 내용입니다. 즉, 12세가 되면 이쯤은 쉽게 이해할 수 있어야 한다는 것입니다. 그런데 여러분이 보기에 어떤가요? 서식지, 양분, 번식, 자손, 특정, 적응 등 등장하는 어휘가 꽤 어려워 보이지는 않나요?

저는 이 내용을 처음 봤을 때 다소 놀랐습니다. 이 또래 아이들이 이 정도 수준을 공부한다는 사실에요. 미취학 아이들에게 아무리 책을 많이 노출시킨다 해도 이 정도 수준에 저절로 도달할 수 있을까요? 동화책을 보다가 갑자기 저런 지문을 읽을 수 있겠는지 말입니다. 만약 초등학생 때 책을 제대로 읽지 않는다면 그사이에 거대한 구멍이 생기는 것입니다. 사교육으로 그때그때 막아본다고 해도 언젠가는 무너집니다.

만 6세와 만 12세가 이해하는 어휘의 수는 거의 배로 차이납니다. 6세가 약 2만~2만 4,000단어를 이해한다면 12세는 거의 5만 단어를 알아야 합니다. 그런데 초등 입학 후 학원에 보내고 문제집을 풀리느라 책 읽기를 뒤로 미루면 어떻게 될까요? 중요한 기간에 문해력 격차가 크게 벌어질 수 있습니다. 책은 부모가 생각하는 것보다 아이가 훨씬 더 클 때까지 읽혀야 합니다. 최소한 초등학교는 졸업할 때까지요. 그래야 중고등학교에 가서 아이 혼자 공부할 수 있습니다. "세상에, 요즘 초등학생이 할 게 얼마나 많은데요. 책까지 읽히나요. 그게 가능한가요?"라고 하소연하고 싶을 수도 있습니다. 무슨 말인지 압니다. 저도 밤 9시까지 학원 3곳 이상씩 다니는 초등 1~2학년을 여럿 봤거든요.

그러나 지금은 그런 데에다 시간을 낭비할 때가 아닙니다. 초등 저학년이 솔직히 학원에 꼭 다녀야 할까요? 학원의 도움을 반드시 받아야 할 만큼 학교 수업이 어려운가요? 그렇지 않은데 괜히 남들 따라 불안해서 다니는 거잖아요. 그럼 과감히 끊어도 됩니다. 선행 학습은 아무리 해봤자 소용없습니다. 당장은 앞서가는 것처럼 보여도 나중에 가보면 다 똑같습니다. 그러니 초등학생 때는 무조건 책을 많이 읽혀야 합니다. '이렇게까지 많이 볼 필요가 있을까?' 싶을 만큼 최대한 읽히세요. 그래도 절대 넘치지 않습니다.

📖 학원이나 문제집보다 책을 선택해야 하는 이유

초등 시절에 저는 정말 책을 많이 읽었습니다. 어머니가 "너는 책 때문에 눈이 나빠졌다"라고 이야기할 정도였습니다. 그 시절에는 초등학생도 중간고사와 기말고사를 봤는데, 저는 시험공부보다는 책 읽기를 더 좋아했지요. 그런 까닭에 어머니는 시험 기간마다 난리도 아니었습니다. 혹시 문제집을 안 풀고 책을 읽는 건 아닌지 감시하느라고요. 안 들키려고 이불 속에 숨어서 몰래 보기도 했습니다. 그때는 왜 그리 셜록 홈즈가 재미있었는지 몰라요.

덕분에 한글로 된 교재를 혼자 공부하는 건 별로 어렵지 않았습니다. 학원은 그때그때 필요할 때만 다녔습니다. 제 머리가 좋아서 그랬겠다고요? 하지만 딱히 그렇지도 않은 것이, 저는 영어 학원은 계속 다녔습니다. 중학교 1학년부터 고등학교 3학년까지 6년간 쉬지 않고 다녔습니다. 왜 그랬을까요? 영어는 누가 설명해주지 않으면 지문을 완전히 이해할 수가 없었기 때문입니다.

초등 시절에 책을 많이 읽는 것은 정말 중요합니다. 그러면 나중에 학원을 다니지 않아도 공부를 잘할 수 있습니다. 학원에 다닐 필요가 없습니다. 혼자서 공부를 다 할 수 있는데, 학원이 왜 필요하겠습니까? 남들이 강의 듣느라 3시간을 쓸 때 1시간 만에 공부를 끝낼 수 있습니다. 이렇게 좋은 공부법이 어디 있을까요?

만약 아이가 책을 좋아한다면 계속 격려해주세요. 책에 빠져서 학교 공부를 등한시하는 것은 아닌지 걱정하지 않아도 됩니다. 어쩌면 처음에는 매일같이 학원에 다니고 문제집을 푸는 아이보다 학교에서 낮은 성적을 받아올 수도 있을 겁니다. 사실 저도 그랬습니다. 초등학교 4학년까지는 담임 선생님 눈에도 안 띄는 아이였습니다. 그래도 조급할 필요 없습니다. 솔직히 초등 성적이 대학 입시까지 가나요? 중학교 때까지는 남들보다 아이가 앞섰는지 뒤처졌는지 크게 신경 안 써도 됩니다.

초등 과정과 중고등 과정은 커리큘럼이 전혀 다릅니다. 초등 과정을 완벽하게 마스터해도 중고등에 가서 성적이 마구 뒤집히는 것은 바로 이 때문입니다. 초등 과정은 기본적인 일상생활과 사회생활을 할 수 있도록 구성되어 있습니다. 더하기, 빼기, 곱하기, 나누기, 기본 도형, 길이 재기, 시계 보기, 분수 등 우리가 생활에서 흔히 쓰는 영역을 다룹니다. 눈에 보이고 그릴 수 있는 공부입니다. 반면에 중고등 과정은 이차방정식, 함수, 확률, 통계 등 일상에서 흔히 경험하지 않는 영역을 다룹니다. 손에 잡히지 않습니다. 즉, 글로 보고 머리로 이해하는 공부입니다. 문해력이 없으면 공부를 할 수가 없습니다. 문해력은 공부의 필수 기본기입니다.

어쩌면 반론을 제기하고 싶을 수도 있습니다. 문해력이 있으면 좋다는 건 알겠는데, 그게 '필수적'이라고까지 할 수 있냐는 것입니다. 솔직히 어릴 때 책 한 권 안 읽어도 공부 잘하는 사람이 있잖아요. 맞습니다. 세상은 넓고 언제나 뛰어난 사람들이 있습니다. 저의 가장 친한 친구도 책을 멀리하는 사람인데 공부를 정말 잘했거든요. 과학고등학교를 수석으로 졸업했습니다. 그런데 이 친구는 보니까 제가 어떤 이야기를 해도 다 알아듣더군요. 그냥 원래 이해력이 뛰어난 사람이었습니다. 하지만 이 친구조차 책을 많이 읽지 않은 대가를 치른 적이 있습니다. 언제일까요? 수능 볼 때 언어 영역 때문에 미치는 줄 알았다더군요. 끝까지 정복하지 못할 산처럼 느껴졌다고 합니다.

앞서 '책은 무조건 많이 읽혀라. 아무리 많이 읽어도 넘치지 않는다'라고 했습니다. 절대 과장이 아닙니다. 왜냐하면, 수능의 언어 영역은 정말 어렵거든요. 문제 난이도는 둘째치고 시간이 절대적으로 모자랍니다. 차분히 답을 생각할 수가 없습니다. 지문을 읽기만 해도 벅찬 수준입니다. 중학생이 되기 전까지 늘 책을 읽은 저도 그렇더군요. 수능을 보는 날까지도 그 속도가 극복되지 않았습니다. 시험 시작부터 끝까지 긴장의 끈을 놓을 수 없었습니다.

아이 공부에 수능만큼 중요한 시험이 또 있을까요? 이렇게 중요한 시험을 대비하지 않을 것인가요? 현실적으로 중학교에 들어가면 솔직히 책 읽기가 쉽지 않습니다. 다시 말해 이미 초등 시절에 대략 결과가 정해지는 것입니다. 지금은 아이를 학원에 보내고 문제집을 풀릴 때가 아닙니다. 이 시기에 책을 읽느냐 아니냐가 공부 인생 전체를 좌우합니다.

📖 아이에게 책을 많이 읽히는 2단계 방법

[1단계] 책 읽기 좋은 환경 만들기

지금까지 초등 시절에 책을 많이 읽는 것이 왜 중요한지에 대해 이야기했습니다. 그런데 이쯤에서 마음이 또 답답해질 수도 있습니다. 책 읽기가 좋은 건 알겠는데, 어떻게 시켜야 할지 모르겠다는 것이지요. 아이가 책을 도무지 안 보려고 한다면 말입니다.

그럴 수 있습니다. 세상에 재미있는 게 얼마나 많은데 아이가 굳이 책을 읽겠습니까? 그나마 유치원 때는 책에 그림이라도 많았는데, 이제는 온통 글자만 가득한걸요. 아이는 책보다는 TV, 게임, 부모님의 스마트폰에서 영상을 보는 게 훨씬 좋겠지요.

여기에 답이 있습니다. **아이가 책을 많이 읽기를 바란다면 TV, 게임, 스마트폰은 치우는 것이 좋습니다.** 그래야 심심해서 '책이라도' 보겠지요. 너무 (부모에게) 가혹한 것 아니냐고요? 그렇긴 합니다. 하지만 어쩔 수 없습니다. 다이어트를 하는 사람 앞에 피자와 샐러드를 동시에 주면 다이어트가 쉽게 될까요?

그런데 막상 해보면 또 할 만합니다. 저도 그렇게 하고 있거든요. 거실에서 TV를 치우고, 게임을 제한하고, 스마트폰 영상은 아예 보여주지 않고 있습니다. 사실 특별히 아이 교육을 위해서 시작했던 것은 아니고, 원래는 TV와 게임의 허용 여부를 놓고 아이와 실랑이하기 귀찮아서 정한 규칙입니다. 매일같이 "엄마 TV 봐도 돼? 게임 해도 돼? 30분만 더 하면 안 돼?"라는 요구에 시달리기 싫어서요. 대신 매일 저녁 1시간씩 온 가족이 모여 앉아 넷플릭스로 드라마를 봅니다. 주말에는 TV와 컴퓨터를 종일 사용할 수 있게 허용해주고요. 그 정도면 불만 없이 유지가 되더군요. 그럼 주중에 시간적 여유가 생깁니다. 시간은 남고, 집에서 볼 만한 건 책밖에 없으니, 아이가 책을 읽을 수밖에요.

북유럽 사람들이 독서를 많이 한다는 이야기를 들어본 적이 있을 겁니다. 2013년 국제성인역량조사 자료에 따르면 전 세계에서 독서율 1위는 스웨덴, 공동 2위는 덴마크와 에스토니아, 4위는 핀란드, 5위는 노르웨이였습니다. 북유럽 국가들이 1위에서 5위까지 다 차지했더군요. 그 지역의 독서율이 높은 데에는 여러 가지 이유가 있겠지만, 저는 기후 탓도 크다고 생각합니다. 해도 짧고, 날씨도 춥고, 잠깐의 여름만 빼면 종일 집에서 지내야 하잖아요. 그럼 아무래도 책을 많이 읽게 되겠지요. 부모도 그렇게 아이한테 심심한 환경을 만들어주면 됩니다.

책 읽기 좋은 환경을 만드는 또 하나의 방법은, 당장 꼭 필요한 학원이 아니라면 과감히 끊는 것입니다. 학원 갔다 돌아오면 파김치가 되는데 책을 펼 수나 있을까요? 아이는 학원과 학원 사이에 시간이 생긴다고 그 틈을 쪼개서 책을 읽지 않습니다. 책을 읽는 데에는 꽤 에너지가 들기 때문입니다. 책은 TV나 게임처럼 저절로 손이 가는 매체가 아니니까요.

아이가 책을 하루에 1시간이라도 읽기를 바란다면 적어도 3시간은 비어 있게 만들어야 합니다. 저는 아이들이 저녁 6시 이후로는 특별한 일정을 하지 않는 식으로 시간을 확보하고 있습니다. 모든 숙제나 학원, 그리고 할 일은 그 전에 마치는 것이지요.

마지막 방법은 '도서관 가기'입니다. 도서관 가기는 아이에게 책을 읽히는 가장 쉽고 확실한 방법이라고 할 수 있습니다. 유해 환경이 하나도 없고, 주변에는 죄다 책을 읽는 사람뿐이며, 도서관 밖으로 나가지 않는 한 꼼짝없이 붙들려 있어야 하니, 이보다 더 좋은 방법이 어디 있을까요. 도서관에 가면 보고 싶은 책을 마음껏 고를 수 있고, 다양한 책에 노출을 시킬 수도 있습니다. 또 책을 빌린다면 그만큼 읽어내야겠다는 부담이 생겨 더더욱 많은 책을 보게 되지요. 저희 집은 주말마다 도서관에 가는데, 갈 때마다 몇 권씩 책을 빌리는 바람에 반강제로라도 독서를 꾸준히 하게 되더라고요. 반납하러 갔다가 또 빌려 오고, 빌려 왔으니 또 읽고, 또 반납하러 갔다가 빌려 오고… 무한 루프를 돌고 있습니다. 지금 당장 집 근처의 가까운 도서관을 검색해보세요. 그러고 나서 나들이 가듯 방문해서 책 한 권을 빌려 오세요. 그럼 자연스레 온 가족이 독서의 늪에 빠지게 됩니다.

앞서 언급한 유해 요소 제거하기, 독서 시간 확보하기, 도서관 가기, 이렇게 3가지를 했다면 아이가 책을 읽도록 만드는 데 1단계는 완성한 셈입니다. 그럼 이제 2단계, 재미있는 책을 고르기만 하면 되겠지요.

[2단계] 재미있는 책 고르기

2단계이지만, 사실 가장 중요합니다. 책만 재미있으면 어떤 열악한 환경에서도 충분히 읽을 수 있거든요. 우리가 수업 시간에 몰래 만화책 보던 기억을 떠올려보세요. 선생님에게 혼날 걸 각오하면서까지 손에서 놓지를 못했습니다. 요즘에도 저는 종종 추리 범죄 소설을 읽는데, 그럴 때는 며칠이고 핸드폰도 안 쳐다봅니다. 이렇게 흥미 있는 책을 고르면 독서 습관 잡기는 끝입니다.

그렇다면 어떤 책이 아이가 읽고 싶은 책일까요? 질문이 왠지 이상하지요. 문제와 답이 동시에 있으니까요. 맞습니다. 아이가 책을 읽기를 바란다면 '아이가 읽고 싶어 하는 책'을 보여주면 됩니다. 너무 당연한 이야기입니다. 그런데 실제로는 이 당연한 지침을 무시하는 부모들이 많습니다. 아이가 원하지 않는 책을 사놓고선 "너는 왜 책을 안 읽니?"라고 다그칩니다. '부모가 생각하기에 좋은 책'을 읽히고 싶은 욕심에서요. 그래서 아이가 책을 안 펴는 것이지요. 아이는 '누가 사 달라 그랬나?' 하며 억울해합니다.

무조건 아이가 직접 고른 책을 읽게 해주세요. 아무리 부모 기준에 부족한 책을 골라도 말입니다. 기껏해야 한 권 읽을 시간 정도 낭비할 뿐입니다. 별로 잃을 게 없습니다. 부모의 목표는 어떻게든 아이가 많은 책을 읽도록 만드는 것입니다. 어떤 책을 읽을지 말지로 실랑이하는 건 득보다 실이 큽니다. 책 읽기 자체가 싫어질 수 있기 때문입니다. 그것이야말로 소탐대실입니다. 매일 이야기책만 읽든, 똑같은 책을 3번, 4번 반복하든 괜찮습니다. 아이가 책을 좋아하기만 하면 내버려두세요.

많은 부모들이 아이가 과학이나 역사 같은, 지식을 전하는 책을 읽기를 바랍니다. 그 마음은 충분히 이해가 됩니다. 이왕 시간 쓰는 거, 실질적으로 도움이 되는 책을 봤으면 싶을 것입니다. 하지만 아이에게 굳이 강요하지 않으면 좋겠습니다. 갑자기 들이대면 재미가 없기 때문입니다. 만약 누가, 나는 관심도 없는데 4차 산업 혁명과 관련된 책을 읽으라고 하면 기꺼이 볼까요? 아무리 삶에 도움이 되는 책이라도 본인이 읽기 싫으면 어쩔 수 없습니다.

소위 지식 도서는 아이가 '궁금해할 때' 쥐어주면 됩니다. 부쩍 어떤 특정 주제에 대해 질문을 하면, "관련된 책을 사줄까?"라고 물어보세요. 그럼 아이가 보고 싶다고 할 테지요. 그때 사주면 됩니다. 예를 들어, 지진이나 화산 폭발에 대해 물으면 지구과학, 산소와 수소 같은 원소에 대해 궁금해하면 화학, 이런 식으로 해당 내용이 담긴 책을 쥐어주라는 겁니다. 그럼 읽지 말라고 해도 신나게 읽습니다. 즉, 어떤 경우든 아이가 '원하는 책'을 사주면 됩니다.

간혹 학습 만화만 보려고 해서 걱정이라는 고민을 듣기도 합니다. 어쩌면 이 글을 읽는 여러분 아이 중에도 있겠지요. '그림과 함께 봐서 이해력 향상에 도움이 안 된다', '학습 만화에 빠지면 줄글로 된 보통 책은 안 읽게 된다' 등 여러 의견이 많은데, 저는 개인적으로 학습 만화 좀 봐도 괜찮다고 생각합니다. '그림과 함께 이해하면 큰일 나나? 학습 만화에 빠지면 진짜 책을 안 읽게 되나?' 솔직히 의문입니다. 저도 어릴 때 역사 학습 만화를 전집으로 본 적이 있습니다. 너무 재미있어서 서너 번은 반복해서 봤습니다. 제 아이들도 '내일은 실험왕' 시리즈와 같은 학습 만화를 좋아합니다. 하지만 그렇다고 해서 줄글 책을 읽는데 지장이 있어 보이지는 않습니다. 학습 만화에 노출하기 전이나 후나 딱히 달라진 점을 발견하지 못했거든요.

사실 학습 만화에 빠지면 일시적으로 줄글책을 멀리하게 될 수도 있습니다. 그 기간이 몇 달이 될 수도 있고, 1년이 될 수도 있지요. 하지만 그렇다고 해서 영원히 줄글책을 읽지 않게 되느냐, 이것은 좀 과도한 걱정이 아닐까 싶습니다. 학습 만화가 뇌를 파괴하는 것도 아닌데요. 물론 지식을 습득하기 위해 책을 읽을 때, '학습 만화 vs 지식책(줄글책)' 중 학습 만화를 선택하지 않겠느냐는 우려가 있을 수 있습니다. 맞습니다. 제가 봐도 그럴 것 같습니다. 둘 중 하나라면 저도 재미있는 만화를 택하겠습니다. 그러나 학습 만화가 시중에 한없이 많이 나와서 모든 주제를 다 만화 버전으로 만든다면 모를까, 원래 책을 잘 읽던 아이가 계속 학습 만화만 보게 될 가능성은 매우 낮다고 생각합니다. 궁금한 게 학습 만화에 없다면 그 아이는 앞으로 어떻게 할까요? 학습 만화 때문에 줄글책은 못 읽게 되었으니, 관련 내용을 다룬 학습 만화가 나오기만을 기다릴까요? 아니면 당장 시중에 있는 줄글책을 읽을까요? 저는 후자의 가능성이 높다고 봅니다. 호기심의 힘을 믿는 것이지요.

부모가 학습 만화를 꺼리는 이유를 한마디로 정리하면 '앞으로 지식책은 딱딱하다며 읽기 싫어할까 봐'일 것입니다. 그런데 원래 지식책은 대개 딱딱해서 읽기 싫습니다. 왕성한 호기심에 취미로 읽는 사람들도 있지만, 저도 지식책은 제가 꼭 필요할 때가 아니면 안 읽습니다. 궁금할 때, 해결해야 할 문제가 있을 때, 이럴 때만 읽습니다. 아이도 마찬가지입니다. 자기가 필요하면 읽습니다. 알고 싶고, 써먹고 싶고, 그러면 읽습니다. 지금 당장 궁금하지도 않고 해결할 문제도 없는데 읽으라고 하니 딱딱한 지식책을 멀리하는 것이지요.

한편 줄글책을 좋아하는 아이들이 학습 만화도 보고, 반대로 학습 만화를 보는 아이들이 줄글책도 읽는다고 생각합니다. 학습 만화나 줄글책이나 둘 다 기본적으로 '이야기'에 끌려서 보는 것이기 때문이지요. 학습 만화를 계속 보게 하는 강력한 원동력은 사실 '주인공의 갈등이 어떻게 해결되는지를 보고 싶은 마음'입니다. '다음에는 어떤 이야기가 펼쳐질까'가 궁금해서 보는 것입니다. '책에서 많은 지식을 얻어야'뿐만이 아니고요. 지식만이 목적이라면 솔직히 학습 만화도 재미없겠지요.

한번은 아이들에게 '내일은 실험왕' 시리즈를 왜 그렇게 좋아하는지 물어본 적이 있습니다. 이유인즉슨 실험 대회의 경쟁에서 성공할지 아닐지 두근거리고, 주인공 사이의 러브라인이 재미있어서라고 하더군요. 함께 나오는 실험 내용과 과학 상식에 흥미가 있기도 하지만요. '이야기'를 즐기는 아이들이 학습 만화만 보고 줄글책은 안 읽을까요? 새로운 이야기를 찾기 위해서라면 어떤 종류든 마다하지 않을 것입니다. 우리가 새로운 드라마와 영화를 끝없이 보는 것처럼요. 이야기에는 중독성이 있습니다. 그러므로 최근 한 달내내 학습 만화만 봤다고 해도 '영원히 줄글책을 안 읽으면 어떡하지'라고 걱정하지 않아도 됩니다. 그럼에도 불구하고 만약 혹시 정말 '학습 만화만' 읽는 아이가 있다면 일단 '그거라도 읽는 게 어디야'라고 마음을 식히면서 기다려주세요. 뭐든 읽으면 도움이 될 테니까요. 아예 책으로부터 멀어지는 것보다는 낫습니다.

이 시기에 무엇보다 중요한 것은 최대한 많은 책을 읽히는 것입니다. 어휘력을 늘리고 문장에 익숙해지는 것이 목표입니다. 나중에 어떤 글이든 막힘없이 술술 읽을 수 있도록, 문장을 척 보면 무슨 뜻인지 바로바로 알 수 있도록 말입니다. 그러니까 책이 어떤 내용인지, 어떤 형식인지는 크게 상관없습니다. 이야기책만 읽어도 괜찮습니다. 글이라면 다 읽게 내버려두세요. 그 글에 '아이가 모르던 새로운 어휘'가 하나라도 있다면 성공입니다.

📖 독서 교육은 따로 할 필요가 없다

아이의 문해력을 키워주기 위해 소위 '독서 교육'을 해야 할까 고민하는 분들이 있습니다. 여기서 독서 교육이란, 그저 책을 읽고 끝나는 게 아니라 다시 한번 내용을 분석하고 독후감을 작성하는 과정을 말합니다. 저는 독서만큼은 아이가 알아서 하게 내버려두기를 바랍니다. 묻지도 따지지도 말고요.

물론 독서 교육이 나쁘다는 것은 절대 아닙니다. 이왕 읽는 거 심도 있게 완전히 이해하면 더 좋습니다. 결국 그 능력이 필요하기도 하고요. 시험 문제도 그렇게 나옵니다. "글쓴이가 말하고자 하는 바는?", "왜 주인공은 (ㄱ)과 같이 말했을까요?", "다음에 이어질 내용으로 적절한 것은?"

따라서 언젠가 어디선가 하긴 해야 합니다. 하지만 '굳이 초등 시절에 집에서 책을 읽는데 그 과정을 해야 할까'는 의문입니다. 솔직히 어렵고 재미없잖아요. 이제 겨우 책 읽기에 흥미를 붙인 아이에게 너무 많은 것을 요구하는 건 아니냐는 뜻입니다.

제가 학교 다닐 때 가장 힘들어했던 것이 바로 독서 감상문 쓰기였습니다. 만약 누가 책을 읽을 때마다 저에게 질문을 하고, 독서 감상문을 발표하라고 했다면, 책을 멀리했을 것 같습니다. 아무리 독서를 즐기더라도 말이지요. 입장을 바꿔서 생각해보세요. 영화를 재미있게 봤는데, 같이 본 사람이 "아까 여주인공이 왜 그런 말을 한 줄 알아? 이 영화의 주제는 뭐라고 생각해? 영화를 다 본 소감은 어때?"라고 묻는다면 말입니다. 이게 재미있는 사람도 있겠지만, 머리가 아프다고 느끼는 사람은 견디기 힘들겠지요. 영화를 앞으로 보지 않거나, 다음 영화는 혼자 봐야겠다고 결심할지도 모릅니다.

여러분 혹시 영화 〈겨울왕국〉을 봤는지요? 어린아이를 키우는 부모라면 안 본 사람을 찾기 힘들 정도로 흥행한 영화입니다. 전 세계 아이들이 이 영화에 열광했습니다. 7살도 안 된 아이가 영화를 보며 울고 웃었습니다. 그 정도의 어린아이도 이해할 수 있는 스토리라는 뜻이지요. 하지만 어른들에게는 다소 유치하게 느껴질 만큼 단순한 줄거리였습니다. 그런데 〈겨울왕국〉의 주제는 무엇인가요? 쉽게 대답할 수 있나요?

글을 분석하는 것은 굉장히 품이 많이 들어가는 작업입니다. 이미 다 아는 내용을 반복해서 봐야 하고, 생각을 정리해서 조리 있게 표현해야 합니다. 지금은 어떻게든 어르고 달래서 책을 읽게 만들 때입니다. 조금 넘어왔나 싶어서 훅 들어가면 도망갈 수 있습니다. 만약 아이가 책을 제대로 읽고 있는지 확인하고 싶다면 마법의 질문 2개를 던지면 됩니다.

"그 책 재밌어?"

"무슨 내용이야?"

그러면 대부분 봇물 터지듯 종알종알 이야기가 쏟아집니다. 사람은 자기가 경험한 걸 순수하게 남에게 말할 기회를 절실히 기다리거든요. 그 순간이 드디어 찾아온 것이지요.

"어… 이 책 주인공 이름은 로냐인데, 아빠가 산적이거든. 그런데 그 아빠는 처음에 로냐가 자기 딸이 아니라고 해. 로냐는 친구 ○○○랑 같이 모험을 떠나는데……."

횡설수설 끝없이 나옵니다. 부모는 중간중간 "어머, 진짜? 걔 아빠는 대체 왜 그랬대?", "정말 무서웠겠다" 등의 추임새만 적극적으로 넣어주면 됩니다. 아이가 신나서 혼자 떠들도록 말입니다. 여기서 중요한 건 '아이가 책을 잘 읽었는지 아닌지 확인하려는 걸' 드러내면 안 된다는 점입니다. 새로운 책을 먼저 읽은 친구한테 묻듯이, 그저 호기심에, 그 책을 볼지 말지 결정할 것처럼 이런 태도로 접근해야 합니다.

"나 오늘 ○○ 영화 봤다."

"오, 그거 재밌어? 무슨 내용이야?"

딱 이런 느낌으로 물어보세요. "영화의 주제가 뭐라고 생각해?"라고 묻지 말고요. 이 무렵 아이들은 요리로 치자면 애초에 재료라는 게 별로 없습니다. 백지상태에서 채워나가는 단계라 할 수 있습니다. 일단 최대한 머릿속에 콘텐츠를 집어넣어야 합니다. 이것이 당장 필요한 과정입니다.

독서 교육이란 요리법을 배우는 것과 같습니다. 재료를 다듬고 썰고 버무리고… 그런데 재료가 부족할 때 요리법을 배워봤자 무슨 소용일까요? 영화를 몇 편 본 적이 없는 사람에게 영화 평론을 하라는 것과 마찬가지입니다. 아직 글을 많이 읽어보지 않은 상태에서 뭔가를 분석하고 더 높은 단계의 무엇을 끄집어내는 일은 너무나 어렵습니다. 커서 가르치는 경우보다 시간이 훨씬 많이 걸리고, 어쩌면 불가능할 수도 있습니다.

제 아이들이 4학년, 2학년 때 있었던 일입니다. 차를 타고 길을 가는데 첫째 아이가 갑자기 이렇게 질문하더군요.

"엄마, 통일이 내일인데 왜 오늘은 안 봐?"

"응? 무슨 소리야?"

"저기 간판 봐. '통일이 내일이면 안보는 오늘'이라고 쓰여 있잖아."

하루는 둘째 아이가 식탁에 앉아서 갑자기 막 웃는 것입니다.

"엄마, 피스타치오를 먹으면 까먹어? 깔깔깔."

"응? 무슨 소리야?"

"저기 포장지 좀 봐봐. '피스타치오와 건강한 간식, 까먹는 재미에 빠져 보세요'라고 하잖아."

그 순간 참 신기하다는 생각이 들었습니다. '우리에게는 당연한 문장도 아이들은 엉뚱하게 해석할 수 있구나…' 아직 어휘력이 부족하고 생각의 틀이 잡히지 않아서 그런 거구나 싶었습니다.

어휘력이나 생각의 틀은 오랜 시간 글을 읽다 보면 저절로 생깁니다. 우리 중 누가 '까먹는 재미'를 '잊어버리는 재미'라고 해석할까요? 누가 가르쳐줘서 알게 되었나요? 그저 경험을 통해 스며든 것이지요.

글을 해석하고 분석하는 방법은 사실 기술적(technical)인 것입니다. 중고등학교 때 그 기술을 배우면 쉽게 따라 할 수 있습니다. 특히 초등 시절에 책을 많이 읽었던 아이라면 금방 습득합니다. 계속 강조하지만, 무엇이 중요한지 알고 최대한 효율적으로 접근하는 방법을 모색해야 합니다. 지금은 무조건 재료를 머리에 쏟아 넣을 때입니다. 아이가 책을 단 한 권이라도 더 읽고 싶어 하도록 만들어주세요. 나머지는 나중에 해도 됩니다.

🗺️ 연산력은 수학의 기본 도구이다

이 책에서 말하는 연산력은 덧셈, 뺄셈, 곱셈, 나눗셈을 빠르고 정확하게 하는 능력을 말합니다. 수학을 잘하려면 이렇게 4가지 셈을 잘해야 합니다. 다소 의아할 수 있습니다. 단순 연산력이 뭐 그리 중요하다는 건지요. "우리나라에 숫자 계산을 못 하는 사람이 어디 있나요? 수학을 포기하는 건 개념을 이해하지 못해서, 사고력이 없어서가 핵심 아닌가요?" 이렇게 이야기하고 싶은 분도 분명 있을 겁니다. 당연히 그렇게 생각할 수 있습니다. 하지만 그렇다고 해서 연산력이 덜 중요해지는 건 아닙니다. 솔직히 말하면 저는 요즘 아이들이 수학을 포기하는 이유가 '연산력이 부족해서'라고 생각합니다. 이해력과 사고력은 그다음 문제이고요.

분명 요즘 아이들은 예전보다 공부를 더 하는데, 초등 5학년밖에 안 되어 수학을 포기하는 사태가 벌어지고 있습니다. 심지어 해가 갈수록 그 비율이 더 늘어납니다. 이상하지 않나요? 왜 이런 일이 벌어지는 걸까요? 다음은 초등 수학에서 가장 난코스 중 하나라는 5학년 1학기 분수의 덧셈과 뺄셈 문제입니다.

$$\frac{1}{4} + \frac{5}{6} =$$

$$\frac{5}{6} - \frac{1}{4} =$$

왜 이걸 어려워할까요? 그저 순수한 연산 문제일 뿐인데요.

$$\frac{1}{4} + \frac{5}{6} = \frac{(1 \times 6) + (5 \times 4)}{4 \times 6} = \frac{6 + 20}{24} = \frac{26}{24} = \frac{13}{12}$$

$$\frac{5}{6} - \frac{1}{4} = \frac{(5 \times 4) - (1 \times 6)}{4 \times 6} = \frac{20 - 6}{24} = \frac{14}{24} = \frac{7}{12}$$

이처럼 더하기, 빼기, 곱하기, 나누기만 하면 되는 문제입니다. 그런데 사칙 연산이 빠르고 정확하지 않으니 고작 여기서 무너지는 겁니다. 어릴 때부터 사고력과 논리력을 기른답시고 학습지에, 학원에, 기타 등등 공들인 노력을 생각하면 허탈한 일입니다.

여기서 혹시 "제가 아는 어떤 아이는 초등 입학 전부터 곱셈까지 다 뗐는데도 결국 수포자가 되더라고요. 이 경우는 어떻게 설명할 건가요?"라고 의문을 제기할 수 있습니다. 질문에 답이 있습니다. '초등 입학 전에 곱셈을 뗀 것'이 문제입니다. 최소 초등 3학년을 마칠 때까지는 곱셈을 계속 연습해야 합니다. 곱셈을 '할 줄 안다고' 다음 단계로 넘어가버리면 안 됩니다. **'할 줄 아는 것'과 '잘하는 것'은 전혀 다릅니다.** 앞서 저는 이렇게 이야기했습니다.

"연산력이란 사칙 연산을 '빠르고', '정확하게' 하는 것을 말합니다."

정확성은 말할 것도 없고 계산은 빠르면 빠를수록 좋습니다. 계산은 수학의 기본 도구입니다. 나무 베기에 비유하자면 도끼 같은 것입니다. 나무를 잘 베려면 도끼가 단단하고 최대한 날카로워야 하겠지요. 과거 미국의 대통령 에이브러햄 링컨(Abraham Lincoln)이 남긴 유명한 말이 있습니다.

"나에게 나무를 베기 위해 6시간이 주어진다면, 도끼날을 가는 데 4시간을 사용할 것이다."

마음만 급해서 도끼날도 갈지 않고 일단 나무부터 베면, 처음에는 진도가 빨리 나가는 느낌이 들 것입니다. 하지만 곧 지칩니다.

나무를 벨 때마다 너무 힘들잖아요. 어쩌면 중간에 포기하고 싶을지도 모릅니다. 이럴 때는 무조건 도끼날부터 가는 게 답입니다. 아무리 오래 걸리더라도요. 남들이 갈다 말고 조급해서 나무를 베든 말든 신경 쓰지 말고 자기 도구를 연마해야 합니다. 초등 1학년부터 졸업할 때까지 연산력을 키우는 데 집중해야 합니다.

계산 없는 수학 문제는 거의 없습니다. 대부분의 문제에는 계산 단계가 최소 한두 번씩은 들어갑니다. 그런데 그게 덜그럭거리면 어떻게 될까요? 문제를 풀 때마다 에너지가 많이 소모되겠지요. 문제를 푸는 일 자체가 번거롭고 짜증이 날 것입니다. 예를 들어 '234×24'를 계산할 때 아이 A는 30초 만에 해내고, 아이 B는 2분이 걸린다고 가정해봅니다. 문제 하나를 풀 때는 큰 차이가 없어 보이지만, 하루에 20문제를 푼다면 A는 10분, B는 무려 40분이 소요됩니다. 둘 중 누가 더 수학을 좋아하게 될까요?

그리고 기껏 풀었더니 계산 실수 때문에 자꾸 틀린다고 생각해보세요. 그러면 우리의 뇌는 이 과제를 어렵다고 느낍니다. 점점 수학은 '해도 안 될 것 같은' 생각이 들지요. 그러고 나서 포기하는 것입니다. "나는 수포자다!"라고 선언해버립니다.

계산쯤은 눈감고도 할 능력이 있다면 수학 정복은 훨씬 수월해집니다. 새로 나오는 개념만 익히면 되니까요. 각 문제 유형별로 어떻게 푸는지 해법만 외우면 공부가 끝나는걸요.

🛎️ 이해력, 사고력, 창의력보다 연산력에 집중해야 하는 이유

이쯤에서 "계산만 잘하고 수학은 못하는 아이도 있는데요? 수학 시간에 무슨 소리인지 이해를 못 하더라고요"라고 반론을 제기할 수 있습니다. 물론 그런 아이도 있을 수 있습니다. 좋은 도구를 가졌다고 일을 다 잘하는 건 아니기 때문입니다. 또 실제로 많은 아이들이 수학 시간을 글자 그대로 '어려워'합니다. 식과 기호, 뭔가 암호 같잖아요. 칠판에서 온갖 암호가 춤을 추는데, 왜 저렇게 되는지 파악하지 못하는 것입니다. 이럴 때도 수학을 포기하게 됩니다. 하지만 이런 경우는 오히려 해결이 쉬운 편입니다. 이해가 어려울 땐 암기 과목처럼 접근하면 되거든요.

초등학교에서 수포자가 발생하는 원인을 찾기 위해 자료를 수집하다가 '아이들이 수학을 포기하는 이유는 분수의 개념을 이해하지 못하기 때문'이라는 기사를 본 적이 있습니다. 그때부터 아이들이 수학을 어렵게 느껴 손을 놓는다고 하더라고요. 그런데 사실 정 모르겠다고 하면 외우도록 하고 지나가도 됩니다.

"분모의 숫자는 나누라는 거야. $\frac{17}{6}$ 이렇게 분자가 분모보다 큰 수를 가분수라고 해. 대분수로 바꾸려면 17을 6으로 나눠봐. 그럼 몫이 얼마야? 2. 나머지는? 5. 그럼 $2\frac{5}{6}$라고 쓰면 돼."

이렇게 10번만 쓰면 외워지지 않을까요? 초등 아이에게 $\frac{17}{6}$, $2\frac{5}{6}$

와 같은 숫자는 손에 잘 잡히지 않기 때문에 이해하지 못하는 경우가 당연히 생길 수 있습니다. 아직 사고 능력이 덜 발달했기 때문입니다. 하지만 영원히 깨닫지 못하게 되는 건 아닙니다. 분수의 개념을 이해하지 못하는 중학생이 얼마나 있을까요? 혹시 있더라도 하루만 잘 설명해주면 대부분 고개를 끄덕거릴 것입니다. 그렇다면 초등 3학년 때 완전히 이해하지 못하더라도, 적당히 외우고 넘어가도 괜찮다는 뜻이겠지요.

사고력, 논리력, 심지어 창의력까지 강조되는 수학을 암기하라니, 놀라는 분도 있을 겁니다. 하지만 더 솔직히 말하면, 수학을 암기하지 않고 공부한다는 건 말도 안 되는 일입니다. 한번 예를 들어볼게요. 우리가 너무나도 잘 알고 있는 피타고라스의 정리입니다.

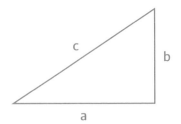

빗변의 길이 c는 $a^2+b^2=c^2$이라는 공식으로 구합니다. 그런데 여기서 잠깐, a^2+b^2은 왜 c^2이 될까요? 혹시 이걸 100% 이해하고 시험 봤던 분 있나요? 그냥 그렇다고 하니 외웠겠지요. 이 정도는 약과입니다. 우리가 수백 번은 더 풀어본 기본 이차방정식을 한번 살

퍼보겠습니다.

$$ax^2 + bx + c = 0$$
$$x = ?$$

여기서 x는 $\frac{-b \pm \sqrt{b^2 - 4ac}}{2a}$ 입니다. 왜 답이 이처럼 복잡하게 나오는지 설명할 수 있겠습니까? 아니, 누군가 설명해주면 쉽게 고개를 끄덕일 수 있을까요? 대부분은 수업 시간에 앞에서 나온 2개의 식을 제대로 이해한 적 없이 지나갔을 것입니다. 그럼에도 불구하고 시험 문제가 나오면 뚝딱뚝딱 잘만 풀었습니다. 암기한 지식을 가지고 말입니다.

어쩌면 아이가 중고등학교에 가서 수학을 어려워하는 건 당연한 일인지도 모릅니다. 수학 교과서란, 오랜 시간 당대 최고 엘리트들이 알아낸 내용을 요약해서 촘촘히 담은 책인걸요. 이를 어떻게 일개 학생이 척 보고 파악할 수 있을까요. 제곱해서 −1이 되는 허수 i는 대체 어떤 수를 말하는 걸까요? 평생 듣도 보도 못한 수입니다. x^2을 미분하면 왜 $2x$가 될까요? 저도 잘 모릅니다. 그래도 시험에 나온다니 별수 있나요. 그러려니 하고 외워야지요.

수학이라는 과목이야말로 기본은 암기입니다. 수학의 언어는 일상의 언어와 전혀 다르기 때문입니다. 온갖 약속과 기호와 공식으로 가득 차 있습니다. 이것을 외우지 않고 모조리 이해하는 것은 불가능합니다. 한번 예를 들어보겠습니다. 다음처럼 중고등 수학 어느 단원이나 항상 외워야 할 정의가 나옵니다.

〈합의 기호 $\sum$의 정의〉

$$\sum_{k=1}^{n} a_k = a_1 + a_2 + a_3 + \cdots + a_n$$

다음은 1부터 n까지 자연수 제곱의 값을 더하는 공식입니다.

$$\sum_{k=1}^{n} k^2 = 1^2 + 2^2 + 3^2 + \cdots + n^2 = \frac{n(n+1)(2n+1)}{6}$$

왜 이렇게 계산하는지 이해할 수 있나요? 잘 설명하면 일부는 쉽게 알아들을 수도 있을 겁니다. 하지만 1부터 n까지 자연수 제곱의 값을 더하면 왜 $\frac{n(n+1)(2n+1)}{6}$이 되는지 끝끝내 몰라도 식만 외우면 문제는 해결할 수 있습니다.

• 1부터 10까지 자연수를 제곱한 합을 구하시오.

이 문제를 풀어보겠습니다. 그럼 $n=10$이겠지요. n의 자리에 10이 들어가면 $\frac{10(10+1)(20+1)}{6} = 385$, 이렇게 계산하면 끝입니다.

공식만 외우면 누구나 풀 수 있습니다. 이처럼 중고등 수학도 암기 과목처럼 접근하면 정복 못 할 게 없습니다. 아니, 수학을 공부하려면 암기가 필수입니다. 그런데 왜 이해가 안 된다는 이유로 처음부터 포기하게 내버려두나요. 원래 그런 과목인데요.

손에 잡히지 않는 사고력과 창의력이 필요하다고 하도 주변에서 이야기하니 다들 불안해하는데, 그러지 않아도 됩니다. 불행인지 다행인지 시험은 문제집 범위를 벗어나지 않습니다. 문제집에 나온 문제만 어떻게 풀면 되는지 외우면 거의 다 맞힐 수 있습니다. 출제자인 아이 학교 선생님이 특출난 창의력을 지닌 사람이 아니라면 걱정할 필요가 없습니다. 국제 수학 올림피아드에 나갈 게 아니라면 사고력과 창의력은 솔직히 쓸 일이 거의 없습니다.

저는 원래 수학을 썩 잘하는 편이 아니었습니다. 잘하는 편이 아닌 정도가 아니라 초등 저학년 때는 못하는 편에 가까웠습니다. 3학년 때 '두 자리의 수×한 자리의 수' 계산 문제 1페이지를 다 틀리기도 했습니다. 그때 친구들이 만점을 맞는 걸 보고 얼마나 부끄러웠는지 모릅니다. 그 뒤로 어머니는 제가 연산 문제지를 꾸준히 풀게끔 했습니다. ○○ 수학 같은 방문 학습지를 통해서요. 당시 학습지 커리큘럼에는 아이가 특출나게 잘하면 진도를 뛰어넘고 선행하는 시스템도 있었지만, 저는 제 나이 수준만 겨우 따라갈 정도였습니다. 소위 '수학감'이라는 건 저에게 없었습니다.

중학생이 되어 남들처럼 수학 학원에 다녔는데 1년을 다녀도 별 두각을 나타내지 못했습니다. 그러다 어느 날 학원에 미남 선생님이 나타났습니다. 그때부터 온종일 시간이 날 때마다 수학 문제를 풀었지요. 성적이 쑥쑥 오르더군요. 그러다 서울시에서 주최하는 수학 경시대회까지 나가게 되었습니다. 그 대회에서 6등을 했고, 서울시 대표로 전국 수학 경시대회에 출전했습니다. 전국 대회에서는 장려상을 받았습니다. 과학고등학교에 특별 전형(무시험)으로 합격할 수 있는 자격을 얻게 되었지요.

이게 어찌 된 일일까요? 갑자기 숨겨진 '수학감'이 늦게라도 발현된 걸까요? 글쎄요, 제가 수학 경시대회에서 좋은 성적을 받았던 이유는 문제를 많이 풀어봤기 때문입니다. 시험에 나오는 온갖 문제 풀이 방법을 잘 외운 덕분입니다. 시험장에서 갑자기 사고력과 창의력이 발현된 게 아니고요. 서울시 대표를 뽑는 시험까지는 확실히 그랬습니다. 그런데 전국 경시대회쯤 나가니 진짜 사고력과 창의력을 요구하는 문제가 나오더군요. 단, 그때의 시험은 하나의 문제당 30분 이상 생각할 시간을 줬습니다.

다시 말해 수학에 대한 특별한 감각을 타고나지 않았어도 열심히 공식을 외우고 해법을 외워서 전국 몇십 등 수준까지 해낼 수 있었다는 것입니다. 경시대회도 이럴진대 학교 수학 진도를 따라가는 것쯤이야 이 방법으로 해내지 못할 이유가 있을까요?

수학이라는 학문을 연구하려면 당연히 사고력과 창의력이 있어야 하지만, 지금 우리 아이 앞에 놓인 과제는 '출제된 수학 시험 문제를 푸는 것'입니다. 세상에 없던 새로운 수학 지식을 밝혀내는 것이 아니라는 말입니다. 다른 사람들이 이미 밝혀놓은 공식과 해법을 잘 익히는 것이 바로 공부의 전부입니다. 수학 역시 다양한 기출문제를 풀어보고 외우면 공부는 끝입니다. 만약 수학에 연산력과 더불어 '○○력이 필수'라고 굳이 주장한다면, 저는 차라리 암기력이 필요하다고 말하고 싶습니다.

공식과 해법을 완전히 외우는 가장 확실한 방법은 다양한 문제를 반복해서 여러 번 풀어보는 것입니다. 그런데 많은 문제를 풀어보려면 연산이 빨라야 합니다. 연산력에 따라 같은 시간에 풀 수 있는 문제가 배로 차이 날 수 있습니다. 후반부로 갈수록 공부할 시간은 점점 줄어들기 때문에 빠르고 정확한 연산력은 반드시 필요합니다.

수학 개념이나 공식을 외우는 것은 중고등에 가서 그때그때 현행 학습으로 하면 됩니다. 하지만 빠르고 정확한 연산력은 만들어지는데 아주 오랜 시간이 걸립니다. 쿡 찔러 답이 툭 나올 정도가 되려면 말입니다. 따라서 시간적 여유가 있는 어릴 때 충분히 투자해야 합니다. 그러니 이해력, 사고력, 창의력이란 단어에 휘둘리지 말고 초등학교 졸업할 때까지는 연산력에 집중하세요.

📖 연산 연습, 얼마나 어떻게 해야 할까?

연산력을 키우려면 어떻게 해야 할까요? 방법은 간단합니다. 연산 문제를 반복해서 풀면 됩니다. 집에서 문제집을 풀릴 수도 있고, ○○수학 같은 방문 학습지를 이용할 수도 있고, 학원에 보낼 수도 있습니다. 저는 이 중에서 '집 공부'를 가장 추천합니다.

학원은 같은 양을 공부하는 데 시간이 너무 많이 걸립니다. 사실 셈하는 법을 배우는 데 딱히 설명이 필요하지도 않고요. 계산은 이해가 중요한 게 아니기 때문입니다. 누군가는 수에 대한 '감'을 키우기 위해 학원에 다니는 게 좋다고 하기도 합니다. 예를 들어 8+4를 계산할 때,

$$8+4=8+(2+2)=(8+2)+2$$
$$=10+2=12$$

이처럼 수를 쪼개고 10을 만들어 계산하는 식으로 생각해서 한다면, 연산이 편해지고 빨라진다는 것이지요. 하지만 꼭 이렇게 배우지 않아도 됩니다. 물론 그렇게 하면 초반의 계산 속도를 높이는 데 다소 도움이 되겠지만, 목표 수준 도달에는 큰 영향을 주지 않습니다. 우리가 원하는 목표는 8+4라고 하면 생각할 필요도 없이

12가 반사적으로 튀어나오는 것입니다. 복잡한 수학 문제를 풀 때 전혀 걸리적거리지 않도록 말입니다. 그러려면 8+4를 수십 번 풀어서 외울 정도가 되어야 합니다. **연산력을 키우는 데 문제를 '많이 푸는 것'이 절대적으로 중요하다는 뜻**입니다. 할 수만 있다면 집에서 문제집을 푸는 게 학원과 비교해 시간당 효율이 뛰어납니다. 1시간 문제 풀리려고 왕복 1시간을 추가로 쓸 이유는 없습니다.

방문 학습지는 집 공부와 마찬가지로 시간이 많이 소요되지 않습니다. 비용도 학원보다 적게 들고요. 여기에 선생님이 진도를 관리해준다는 장점이 있습니다. 아무래도 누가 정기적으로 검사를 하면 목표량을 꼭 완수해야겠다는 긴장감이 생기겠지요. 그래서 이런 방식이 잘 맞는다면 방문 학습지를 선택해도 됩니다. 다만 저는 선생님이 일주일에 한 번씩 확인하는 게 압박으로 느껴지더군요. 그래서 정신적으로 꽤 괴로웠습니다.

저는 어린 시절에 2~3년간 방문 학습지로 공부를 해본 적이 있습니다. 수학 문제집을 혼자서 푸는 건 괜찮은데 이상하게 그 몇 페이지짜리 문제집은 펼치기가 힘들었습니다. 또 가끔 정말로 문제집을 풀기 싫은 날이 있었고요. 밀리고 쌓인 학습지를 앞에 두고 얼마나 스트레스를 받았는지 모릅니다. 어떤 때는 매주 선생님이 오시기 전날 답안지를 적당히 베껴서 (20문제면 한두 문제 틀리게끔) 제출하기도 했습니다. 이런 이유로 제 아이에게는 방문 학습지를 시키지 않겠다고 마음먹었습니다.

"본인이 별로였던 건 그렇다 치고 왜 아이에게도 시도하지 않나요? 혹시 도움이 되진 않을까요? 엄마가 아이랑 실랑이하는 것보단 선생님이 확인하는 게 더 낫죠"라고 반문하는 분이 분명 있을 겁니다. 충분히 그럴 수 있습니다. 하지만 저의 경우는 부모 자식 사이를 생각하면 방문 학습지를 안 시키는 게 낫겠더군요. 선생님이 오시는 날까지 어떻게든 정해진 양의 공부를 해내야 하잖아요. 그러면 아이에게 계속 "학습지 풀었어? 오늘은 꼭 해야 해"라고 잔소리를 할 게 뻔했습니다. 제 간섭이 심해질수록 아이는 '엄마가 시켜서 할 수 없이 한다'라는 생각을 가지게 될 거고요.

이 같은 이유로 저는 집에서 연산 문제집을 푸는 방식을 선택했습니다. 연산 연습은 지겹기 마련이라 공부 방식이라도 최대한 자유롭게 만들어주고 싶었습니다. 그래야 오히려 자발적으로 공부할 수 있다고 판단했기 때문입니다. 실제로 제 아이에게 적용해봤더니 가끔 게으름을 부릴 때가 있긴 했지만, 대부분은 아이 스스로 문제집을 펴고 풀었습니다. 결과적으로 봤을 때 제가 어린 시절에 방문 학습지로 공부한 양만큼 충분히 풀릴 수 있었습니다. 아이와 책상 앞에서 큰 실랑이를 벌이지도 않고요. (아이가 연산 문제집을 풀지 않으려고 할 때 대처 방법은 이어지는 'Part 3 6세부터 초6까지 서울대 의대 엄마표 연령별 공부법'에서 자세히 다루겠습니다.)

만약 여러분이 아이의 연산력을 키우는 데 '집에서 문제집 풀기' 방식을 선택한다면 다음과 같은 방법으로 진행하면 됩니다. 먼저 서점에 가서 시중에 나와 있는 연산 문제집 중 아이가 풀겠다고 하는 걸 사줍니다. 부모가 문제집을 선택하면 "너무 문제가 빽빽해서 싫어", "책 디자인이 마음에 안들어" 등 불만이 터져 나올 가능성이 있기 때문입니다. 어차피 내용은 다 똑같을 테니, 아이가 원하는 디자인으로 고르라고 하면 됩니다. 다음은 시중에서 파는 연산력 학습지입니다.

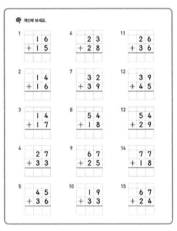

초등 2학년용 연산력 학습지

이러한 문제집을 하루에 2페이지 정도 풀리면 됩니다. 혹시 2페이지를 푸는 것도 버거워하면(30분이 지나도록 못 끝내거나 중간에 싫다고 포기하면) 1페이지로 줄여주세요. 아직 문제 푸는 속도가 느리다는 신호이기 때문입니다. 시간이 지나면 저절로 빨라질 테니, 익숙해질 때까지 적응 기간을 주세요. 10~20분 정도 안에 해낼 수 있도록 분량을 조절하면 됩니다. 어린아이들의 공부는 30분 이상 끌고 가기 어렵습니다. 초등학교의 수업 시간이 1교시당 40분인데, 공개 수업을 가서 보면 산만함의 향연이 펼쳐집니다. 학교에서도 그럴진대 긴장이 풀리는 집에서는 더 집중하기 어렵겠지요. 되도록 20분 이내에 끝내도록 목표를 설정하세요.

2페이지면 너무 적다고 생각할 수도 있는데, 문제 개수로 따지면 20문제가 넘습니다. 주말과 공휴일을 제외하면 1년에 250일쯤 되는데, 하루에 20문제씩 푼다면 1년에 5,000문제를 푸는 것입니다. 초등 6년이면 3만 문제입니다. 절대로 적은 양이 아닙니다.

간혹 정확한 연산력을 기르기 위해 1문제 틀릴 때마다 벌칙으로 10문제를 풀리라는 분도 있는데, 저는 진심으로 말리고 싶습니다. 지금 당장은 완벽하지 않아도 앞으로 사칙 연산을 연습할 기회는 충분히 있기 때문입니다. 예를 들어 '자연수의 덧셈과 뺄셈'은 '분수의 덧셈과 뺄셈'에서도 나오고 '소수의 덧셈과 뺄셈'에서도 반복됩니다.

$$3 + 4 = 7 \qquad 5 - 2 = 3$$

$$\frac{3}{5} + \frac{4}{5} = \frac{7}{5} \qquad \frac{5}{7} - \frac{2}{7} = \frac{3}{7}$$

$$0.3 + 0.4 = 0.7 \qquad 0.5 - 0.2 = 0.3$$

곱셈과 나눗셈을 할 때도 덧셈과 뺄셈은 수없이 쓰입니다.

$$
\begin{array}{r}
45 \\
\times\ 13 \\
\hline
135 \\
\oplus\, 450 \\
\hline
585
\end{array}
\qquad
\begin{array}{r}
27 \\
17\,\overline{)\,471} \\
\ominus\ 34 \\
\hline
131 \\
\ominus\,119 \\
\hline
12
\end{array}
$$

굳이 진도를 멈추고 더 반복해서 수학 공부를 지겹게 만들 이유가 있을까요? 연산 연습은 꾸준히만 한다면 자연스레 완벽해집니다. 부담이 없어야 오래 할 수 있습니다. 초등학교에 입학할 때부터 졸업할 때까지 매일 하루 2페이지씩 부담 없이 풀게 하세요. 그럼 중고등 수학도 두렵지 않을 것입니다.

공부 기본기 ③
체력

💡 성적은 결국 머리가 아니라 체력 순이다

 너무 기본적이고 당연한 요소를 언급하는 것 같습니다. 체력이 라니, 혹시 읽을 필요도 없다고 생각하는 분도 있을 것입니다. '몸 이 아프면 공부든 뭐든 할 수 없으니 건강해야 하는 건 당연하지. 게다가 지금 우리 아이들을 봐, 에너지가 넘치잖아. 딱히 뭘 더 노 력할 필요가 있을까?' 이런 생각이 들 수도 있습니다. 사실 어릴 때 는 그렇습니다. 기운은 팔팔한데 할 일은 별로 없으니까요. 하지만 중고등학교에 진학하면 체력은 정말 중요해집니다. 점점 해야 할 공부량이 늘어나기 때문입니다. 저는 고등학교에 들어간 이후 진 심으로 체력의 필요성을 절감했습니다. 공부를 더 해야 하는데 몸이 안 따라주니 속상하더라고요.

　우리는 흔히 "공부 머리가 있어야 끝까지 살아남는다"라는 말을 많이 합니다. 하지만 실제로는 잘 모르겠습니다. 물론 머리가 좋으면 아무래도 도움이 되겠지요. 그러나 결정적인 요소는 아닙니다. 어릴 때 "영재"라는 소리를 듣던 아이들도 중고등에 올라가서 많이들 낙오합니다. 타고나기를 공부 잘하는 아이들이 말입니다. 아마 여러분도 기억나는 몇몇 친구들이 있을 것입니다. 그렇게 똑똑한 아이들이 점점 뒤로 처지는 이유는 뭘까요? 머리는 이미 좋다고 했으니, 인내력과 체력, 이런 힘이 부족해서일 것입니다.

　머리가 웬만큼 좋아도 체력이 뒷받침되지 않으면 중고등에 가서 못 버팁니다. 끝까지 탁월한 성과를 내는 아이들을 보면 대부분 공부를 '진짜 많이' 합니다. 고3 시절 1년 내내 저녁을 굶고 공부하는 친구도 있었습니다. 이런 사람들과 경쟁해야 하는 것입니다. 열심히 하지 않으면 방법이 없습니다. 만화나 드라마에서 매일 실없는 농담이나 하면서 노는 것 같은데 시험만 보면 전교 1등을 하는 천재 캐릭터가 종종 나오지요. 그래서 많이들 환상을 갖지만, 현실에서 그런 인물은 만나보기 어렵습니다. 저는 살면서 한 번도 못 봤습니다. 공부 잘하는 아이들은 한결같이 공부를 많이 합니다. 겉으로 보기에 적게 하는 것처럼 느껴져도 실제로는 아니에요.

　중학 시절 경시대회 준비반에 가보니 정말 똑똑한 친구들이 많았습니다. 월등히 잘하는 몇몇 아이들은 그 격차를 도저히 뒤집을 수 없어서 등수를 매길 때 아예 빼고 셀 정도였지요. 당시 저는 그 아이들이 진짜 천재라고 생각했습니다. 그런데 지금 돌이켜 보니 그들 중에 저보다 집에 일찍 돌아간 아이는 없었습니다. 저보다 성적이 좋은 어떤 친구도 저보다 덜 노력하는 경우는 없었습니다.

의과대학 시절에 온갖 TV 프로그램을 다 섭렵하면서도 223명 중 3등으로 졸업한 친구가 있었습니다. 워낙 똑똑한 친구여서 머리가 진짜 좋다고 막연히 생각했는데, 알고 보니 그 친구는 게으름을 부리는 틈이 없더라고요. 종일 함께 일을 하면서 알게 된 사실인데, 그 친구는 아침부터 밤늦게까지 공부를 하거나, 일을 하거나 둘 중 하나였습니다. 매일같이, 어떤 날은 새벽 2~3시까지도요. 그래서 학창 시절 TV 프로그램을 다 보고도 성적이 좋을 수 있었던 것이었습니다. 그 친구가 좋은 머리 덕에 공부를 잘한다고 생각했던 게 부끄러워졌습니다.

한 대학 선배는 포토그래픽 메모리(사진을 찍듯이 기억하는 능력)를 가졌다고 자타공인하는 사람이었습니다. 그런데도 대학 시절 매일 도서관에서 살았습니다. 한동안 그 선배의 도서관 대각선 자리에 앉아본 적이 있었는데, 저는 아무리 열심히 하려고 해도 절반도 못 따라가겠더군요. 그 선배는 저녁 먹는 시간을 제외하면, 도서관 문을 닫을 때까지 자리를 떠나지 않았습니다. 그들의 지능 지수를 알 방법이 없으니 타고난 재능이 얼마나 되는지 객관적으로는 확인할 수 없지만, 확실한 건 그들은 모두 노력의 달인이었습니다.

그렇다면 그들은 왜 그렇게까지 열심히 해야 했던 걸까요? 세상 만사 마찬가지로 공부도 '버티는 놈'이 승리하기 때문입니다. 시험 기간에는 더 이상 반복하면 토할 것 같은 느낌이 들지라도 조금만 더 보는 과정을 끊임없이 견뎌내야 합니다. 마지막 인내심을 짜낼 수 있느냐 아니냐가 승패를 결정짓거든요. 그래서 머리가 꽤 좋다는 사람들도 죽어라 하는 겁니다. 그래야 좋은 점수를 받을 수 있으니까요.

결승점에 가까워질수록 공부량이 늘어난다는 사실은 누구나 알고 있습니다. 덕분에 공부는 후반부로 갈수록 '체력전'의 양상을 띠게 됩니다. 결국 체력이 좋은 아이가 유리하다는 뜻입니다.

제가 이렇게 아무리 이야기해도 아이가 어릴 때는 체력의 중요성을 실감하지 못하는 경우가 많습니다. 어린아이들은 조금 피곤해 보여도 하룻밤 자고 일어나면 다시 에너자이저처럼 움직이기 때문입니다. 그래서 큰 고민 없이 이것저것 할 수 있는 공부를 최대한 시키는 경우가 생깁니다.

4년 전 잠시 알고 지냈던 한 엄마도 그랬습니다. 그분은 교육에 굉장히 관심이 많았는데, 초등 1학년 아이를 영어, 수학, 국어 학원에 밤 9시까지 보내더군요. 전 솔직히 그 아이가 걱정되었습니다.

'지금 저렇게 체력을 막 써버리면 안 될 텐데…….' 그 엄마는 아이의 체력 증진을 위해 날마다 홍삼을 먹인다고 했습니다. 저는 그냥 아이가 무리하지 않는 편이 훨씬 낫지 않을까 생각했지요. 초등 1학년 때 배워봤자 얼마나 배운다고요. 엉뚱한 곳에 소중한 에너지를 쓴다니 너무 아깝다는 생각이 들었습니다.

체력은 생각보다 일찍 부족해집니다. 저는 중학교 3학년 때부터 학교 수업 시간에 졸기 시작했습니다. 고등학교에 가서는 눈이 희번덕거리도록 잠이 든 적도 많았습니다. 아무리 안 자려고 눈을 부릅떠봐도 쉽지 않더라고요. 이러면 성적이 잘 나올 수가 없지요. 제 고등 시절은 기억하고 싶지 않을 만큼 암울했습니다.

남보다 뒤처진 부분은 후에 노력으로 만회할 수 있지만, 체력이 부족하면 아예 공부를 제대로 할 수가 없습니다. 일단 수업 시간에 집중이 안 됩니다. 졸음과 사투를 벌이고 있는데 머리에 뭐가 들어올 리가요. 집에서 저녁 내내 공부하기도 힘들지만, 한다고 해도 학교 수업을 따라가기가 어렵습니다. 크게 효율이 떨어집니다. 바싹 정신 차리고 하면 1시간에 끝낼 수 있는데, 피곤하면 2배는 더 걸립니다. 그렇게 학교 진도를 못 따라갑니다. 이후는 뻔하지요. 자신감이 없어지고, 우울해지고, 그래서 더 공부가 안 되고, 시험 기간에도 힘을 내지 못하고… 그야말로 엉망진창이 됩니다. 제가 이런 식으로 실패해봐서 잘 압니다. 대학 입학 시험 전에 체력이 떨어지면 말 그대로 망하는 겁니다. 머리가 아무리 좋아도 사교육이니 집 공부니 그동안 노력했던 것이 다 허사가 됩니다.

체력은 공부에 있어서 알파이자 오메가입니다. 공부를 잘하려면 체력이 좋아야 하고, 체력이 없으면 공부를 못 하게 됩니다. 지금까지 공부를 효율적으로 해야 한다, 되도록 쉽게 해야 한다, 거듭 이야기한 이유는 이 때문도 있습니다. 아이의 체력은 한정되었으니까요. 그러니 초등 시절에는 어떻게든 체력을 키우고 지켜야 합니다. 남아돈다고 마구 쓰게 하지 마세요. 중고등학교에 가서 분명히 후회합니다.

📖 부모와 아이가 함께 걸으면 마법이 펼쳐진다

누군가 3가지 공부 기본기 중에서 무엇이 가장 중요하냐고 묻는다면, 저는 체력이라고 답하겠습니다. 사실 체력만 있으면 나머지는 다 필요 없을지도 모릅니다. 책을 몇 권 안 읽었든, 연산 연습을 별로 못 했든, 어떻게든 따라잡을 수 있을 테니까요. 남들 2시간 공부할 때 4시간 공부할 수 있으면 학교 공부쯤은 극복 못 할 것도 아닙니다. 그래서 저도 아이들의 기초 체력을 기르기 위해 나름대로 노력하고 있습니다. 거창한 방법은 아닙니다. 그저 '걷기'입니다.

저희 가족은 산책을 즐깁니다. 일주일에 한 번 정도는 약 10km

를 걷습니다. 5km쯤 떨어진 식당에 걸어가서 밥을 먹고 돌아올 때도 있고, 주말에는 가까운 공원에 가기도 합니다. 순수 걷는 시간으로만 치면 2시간 30분쯤 되는 것 같습니다. "네? 온 가족이 10km를 걷는다고요? 초등학생도? 이게 말이 되나요?"라고 놀랄 수도 있습니다. 당연합니다. 저희도 1년 전만 해도 믿을 수 없었으니까요. 둘째 아이는 당시 500m도 못 걸어가서 멈출 정도였습니다. "다리아파. 힘들어" 하며 흐느적거리기 일쑤였습니다. 저도 마찬가지, 퇴근길에 지하철역에서 집까지 700m를 걷기가 힘들어서 진지하게 퇴사를 고려하기도 했을 정도였습니다.

그러던 어느 날, 계속 이렇게 지낼 수 없다는 생각이 들었습니다. 조금만 무리하면 바로 앓아눕고, 의욕이 사라질 때가 잦아졌기 때문입니다. 사실 저는 어린 시절에 운동을 챙겨서 하는 편이 아니어서 원래도 체력이 그다지 좋지 않았습니다. 그래서 학창 시절 체력에 대한 아쉬운 마음이 항상 있었지요. 문득 제 아이도 저처럼 비실댈까 걱정이 되더군요. 그렇게 엉겁결에 가족이 다 함께 하는 걷기 운동이 시작되었습니다.

처음에는 왕복 2km 정도를 걸었습니다. 한 30분 정도 산책하고 돌아왔지요. 그러다 멀리 떨어진 공원까지 걸어가봤습니다. 공원을 한 바퀴 돌고 보니 대충 5km쯤 되더군요. 조금 지치긴 했지만 나름의 재미가 있었습니다. 그렇게 몇 달 걷다 보니, 공원에서 한참 뛰어놀고 돌아와도 전혀 힘들지가 않았습니다. 그래서 목표 거리를 늘리기로 했습니다. 지도를 펴고 새로운 목적지를 찾아봤습니다. 다니던 공원에서 3km 정도 떨어진 곳에 더 큰 공원이 있더라고요. 그러면 총 거리가 12km쯤 되었습니다. 평소 걷던 5km에 비해 2배도 넘는 거리라 '할 수 있을까?' 고민했습니다. 하지만 아이들의 성화를 이길 수는 없었습니다.

"엄마, 우리 꼭 가보자. 이번 주말에 가는 거야, 알았지?"

자의 반 타의 반으로 주말 낮 11시에 도시락을 싸서 출발했습니다. 중간중간 밥 먹고 쉬고 구경하고 사진 찍다가 저녁 7시가 훌쩍 넘어 집에 돌아왔습니다. 다리가 어찌나 아프던지요. '이 정도 거리는 무리였구나. 앞으로는 그러지 말자'라고 다짐했습니다. 하지만 '인간은 망각의 동물'이란 말은 사실이었습니다. 한 달도 채 지나지 않아 저희 가족은 다시 그 길을 걷고 있었습니다. 그런데 이번에는 훨씬 수월하더군요. 그렇게 서너 번 더 다녀오니, 중간에 밥 먹을 때 빼고는 쉬지 않고 걸을 수 있게 되었습니다. 이후로 저희 가족은 웬만한 거리는 다 걸을 수 있다는 자신감이 생겼습니다. 12km보다 더 걸을 일이 살면서 얼마나 있을까요. 그사이 체력이 좋아진 건 말할 필요도 없고요.

하지만 이게 끝이 아닙니다. 남은 이야기가 더 있습니다. 집 근처에 꽤 긴 개천이 있는데, 어느 날 지도를 보다가 그 개천을 따라 걸으면 아이들의 외갓집까지 갈 수 있다는 사실을 알게 되었습니다. 거리는 19km였습니다. 어머니와 대화를 하던 중 이 이야기가 아이들에게 살짝 샜습니다. 무조건 가자고 난리가 났습니다. 그렇게 지난해 봄, 5월 2일에 도전이 시작되었습니다. 전날 밤에 잠이 안 오더군요. 동선 확인하고, 중간에 화장실이 있나 보고, 밥은 어디쯤에서 먹어야 할지, 혹시 너무 힘들어 포기하면 택시를 잡을 수나 있을지…

날이 더워지면 힘들 테니 최대한 빨리 준비해서 아침 8시 30분에 집을 나섰습니다. 일정은 최대한 여유 있게, 포기해도 괜찮다고 마음을 가볍게 먹었습니다. 해가 지기 전에 도착하는 것이 1차 목표였습니다. 그런데 긴장해서 그런지 생각보다 진행이 빨랐습니다. 원래는 중간에서 점심을 먹고 쉬려고 했는데, 밥을 먹으려던 장소에 도착한 시각이 낮 11시도 안 되었습니다. 그래서 그냥 쉬지 않고 끝까지 전진하기로 계획을 바꿨지요. 아이들도 신이 나서 폴짝폴짝 앞서 나갔습니다. 하지만 정오가 지나자 둘째 아이가 지치기 시작했습니다. 남은 거리는 5km. 어르고 달래고 손을 잡아가며 기운을 북돋웠습니다. 마지막 1시간 30분 동안은 가족 모두 인내심을 쥐어짰지요. 그렇게 결국 결승점에 도달할 수 있었습니다. 5시간 만에 19km 정복. 그때 느꼈던 성취감이란! 너무 기뻐서 다시 집까지 걸어 돌아갈 수 있을 것만 같은 기분이었습니다. 저희 가족은 "앞으로 매해 이 길을 함께 걷자"라고 약속했고요.

여기까지가 불과 1년 사이에 벌어진 일입니다. 둘째 아이가 초등 2학년일 때 시작해 1년 만에 이만큼 성장할 수 있었던 겁니다. 오늘부터 물병 하나 들고 동네 한 바퀴부터 시작해보세요. 한 달에 500m씩 더 걷다 보면 10km쯤은 금방 뛰어다니는 아이를 마주할 수 있을 겁니다.

📖 공부는 하는 것만큼 쉬는 것도 중요하다

체력을 아끼는 가장 간단한 방법은 무엇일까요? 필요 없는 낭비를 막고, 쉴 수 있을 때 최대한 쉬면 될 것입니다. 답이 너무 쉬운가요? 하지만 막상 실천하려면 어렵습니다. 부모는 아이가 아무것도 안 하고 빈둥대는 길 견디기가 쉽지 않습니다. 아이가 책상 앞에서 뭐든 열심히 할수록 부모의 마음은 편해집니다. 그래야 스스로 느끼기에 좋은 부모인 것 같고, 아이를 잘 키우고 있다는 자신감이 생기거든요. 하지만 가끔은 의도적으로 무능한 부모가 되어야 할 필요가 있습니다. '혹시 내가 아이를 방치하고 있는 건 아닐까? 우리 아이만 뒤처지는 건 아닐까?'라는 생각이 들어도 참아야 합니다. 쉴 때는 그냥 내버려두라는 뜻입니다.

사실 공부는 하는 것만큼 쉬는 것도 중요합니다. 흔히 공부시키기에만 집중하는데, 저는 둘 중에 어느 것이 더 결정적이냐고 물으면 쉬는 걸 택하겠습니다. 공부를 덜 하면 85점을 받을 아이가 80점을 받을 수 있습니다. 그런데 휴식이 부족해서 지쳐버리면 85점을 받을 아이가 60점까지 내려갈 수도 있거든요. 이런 상황은 직접 겪어보지 않으면 모릅니다. 건강할 때는 건강을 잃으면 어떤 일이 벌어지는지 상상할 수 없는 것과 마찬가지입니다. 병을 앓고서야 '아차, 건강이 가장 중요하구나!'라고 깨달아도 이미 늦은 것처럼요.

저는 고등학교에 가서 건강의 중요성을 처음 경험했습니다. 고등학교 시절, 저는 공부를 진짜 못했습니다. 여러 가지 이유가 있었지만 가장 중요한 원인은 '너무 피곤해서'였습니다. 1학년 때는 그나마 나았는데, 2학년이 되어 기숙사에 들어간 뒤로는 점점 지쳐서 나중에는 견딜 수가 없었거든요. 자습 시간에 몇 번 몰래 도망을 나오기도 했습니다. 다른 재미있는 걸 하기 위해서가 아니라 정말 쉬고 싶어서요. 기숙사 침대로 도망가고, 집으로 도망가고, 그것도 여의치 않으면 근처 서점으로 도망갔습니다. 딱 한 번 롯데월드로 도망간 적이 있었는데, 저는 당시나 지금이나 놀이공원을 그다지 좋아하지 않습니다. 그저 책상을 벗어나고 싶을 뿐이었습니다. 솔직히 저는 그때까지 꽤 모범생이었거든요. 학교에서 시키는 일을 하늘같이 믿고 따르는 아이였습니다. 어머니로부터 "너는 융통성이 부족한 게 문제다"라는 이야기를 얼마나 자주 들었는지 모릅니다. 그랬던 제가 '몰래 도망가기'를 선택하는 건 괴로운 일이었습니다. 나쁜 짓이잖아요. 하지만 어쩔 수가 없었습니다. 17살짜리가 무슨 힘이 있을까요. 학교의 규칙에 맞서 싸울 수도 없고, 그나마 할 수 있는 게 도망뿐이었습니다. 돌아오면 매번 혼났지만, 그것 말고는 견뎌낼 방법이 없었습니다. 그때의 절망감은 솔직히 떠올리기가 괴롭습니다. 당시에는 잠들 때마다 내일 아침이 오지 않기를 바랄 정도였습니다.

고등학교 2학년 때 하루 스케줄은 대략 다음과 같았습니다. 아침 6시에 일어나 6시 30분에 운동장 달리기, 밥 먹고 8시 등교, 4~5시쯤 수업 끝, 동아리든 뭐든 각자 활동한 후에 저녁 먹고 6시 30분부터 10시 30분까지 도서관에서 자습, 기숙사로 돌아가서 씻고 정리하고 밤 11시 30분 넘어 취침. 아무리 잠을 오래 자고 싶어도 수면 시간이 7시간도 채 안 되었습니다. 저는 최소 8시간은 자야 정신이 들었거든요. 원래 중학교 때까지는 9시간도 넘게 잤습니다. 일단 잠부터 너무 모자랐습니다. 수면 부족이 집중력에 어떤 영향을 미치는지는 다들 잘 알고 있을 테지요.

더 큰 문제는 이 와중에 쉴 틈이 없었다는 것입니다. 정확히 이야기하자면 제가 쉬어야 할 때 쉬지를 못한다는 사실이었습니다. 모든 학생은 앞에서 언급한 스케줄대로 움직여야 했습니다. 저녁 6시

30분부터 밤 10시 30분까지 무조건 자기 책상 앞에 앉아 있어야만 했습니다. 피곤해서 엎드려 자고 있으면 돌아다니던 당번 선생님이 깨웠습니다. 도저히 공부할 컨디션이 아니어서 다시 쓰러지면 또 깨웠지요. 그런데 이러면 과연 공부가 될까요? 졸려 죽겠는데 뭐가 들어오겠냐 말입니다. 차라리 푹 자고 컨디션을 끌어올려서 공부를 시작하는 게 낫지요. 하지만 무조건 "일어나"라는 소리를 들어야 했습니다.

선생님의 입장도 이해가 안 되는 건 아니었습니다. 자는 학생을 그대로 내버려두기란 쉽지 않았을 겁니다. 그러면 방치하는 것 같잖아요. 자기 일에 최선을 다하지 않는 느낌이 든달까요. 또 '혹시 깨우는 게 도움이 되지 않을까?'라는 선한 마음이었을 수도 있습니다. 실제 당시 학교 선생님들은 모두 훌륭한 분들이었습니다. 성실하고, 학생을 사랑하고, 사명감이 넘치는 분들이었습니다. 덕분에 저는 아무리 집중이 안 되어도 눈을 부릅뜨고 시간을 버텨야 했습니다. 눈이 매워서 잠이 깨는 이상한 약도 눈 밑에 발라봤을 정도입니다. 그렇게 매일을 견뎌보니, 다른 것을 할 수도 없고, 방에서 혼자 뒹굴거리는 것도 아니고 정말 죽을 맛이더군요.

솔직히 교실에서 아침 8시부터 낮 4~5시까지, 7~8시간을 공부하면 사람이 좀 쉬어야지요. 휴식을 충분히 취해야 그다음 공부할 준비가 되는데, 그 시간을 무시하고 밀어붙이면 어떻게 되겠습니까. 시간은 시간대로 쓰고, 정작 공부한 건 없고, 완전히 낭비잖아요. 그게 끝이면 다행이게요. 그렇게 피로가 풀리지 않은 채로 다음 날이 시작되었습니다. 수업 시간에 집중할 수가 없었습니다. 꾸벅꾸벅 졸고 있거나 어느 순간 멍하니 딴생각하고 있는 스스로를 발견하게 되었습니다. 앞서 말했던 악순환에 빠져들었습니다. 수업 시간을 날려버리는 바람에 따로 공부할 게 늘어나고, 또 그것을 보충하느라 허덕이다 다음 날 피곤한 채로 수업에 들어가… 그렇게 저는 실패했습니다. 결국엔 학교를 그만뒀지요. 드디어 학교 밖으로 완전히 도망쳤습니다.

"아무래도 자퇴를 해야겠어요"라고 부모님에게 선언하던 날, 그날 오후의 기억이 생생합니다. 특히 어머니가 난리도 아니었습니다. "너 고등학교 졸업장도 없이 어쩌려고 그래?" 저는 그게 무슨 상관이냐, 지금 성적으로는 대학 입학도 못 하게 생겼는데 무슨 소용이냐, 반박했습니다. 워낙 고집이 센 딸이었으므로 어머니는 애초에 저를 이겨볼 생각은 없었던 것 같습니다. "그래, 어련히 알아서 하겠지. 그래라" 하며 더 이상 반대하지 않았고요.

이제야 고백하지만, 성적은 핑계였습니다. 물론 중요한 문제이긴 했습니다. 실제로 그 까닭도 있었고요. 하지만 진짜 이유는 '더 이상은 그렇게 살 수 없어서'였습니다. 부모님도 진짜 이유를 알고 있었을까요? 잘 모르겠습니다. 저는 학교생활에 적응하지 못하는 걸 나름대로 숨기려고 노력했거든요. 부모님이 걱정할까 봐요. 그 뒤로 크고 작은 어려움은 겪었지만 중단하지 않고 공부를 계속 할 수 있었습니다. 충분히 빈둥거리고, 집중할 땐 집중해 공부하면 서요. 그때 제가 그 악순환을 끊지 않았다면 어찌 되었을지, 아찔할 정도입니다. 저는 분명 '좋은' 학교를 다니고 있었습니다. 선생님도 훌륭하고 스케줄 알차고 다 좋았지요. 쉴 수 없다는 사실만 빼면 말입니다. 그런데 그것 하나로 실패할 수 있더라고요. (왼쪽의 QR 코드

를 스캔해 파일을 다운로드 받아 한번 아이의 하루를 시간표로 그려보세요. 쉬는 시간이 존재하나요? 그 시간이 하루 3시간은 있도록 만드세요.)

🗓️ 부모는 '워라밸', 아이는 '스라밸'

"엄마, 정원이는 있잖아. 학원을 밤 12시부터 새벽 2시까지 다닌대."

"무슨 소리야? 거짓말 아니야? 초등 3학년을 새벽 2시까지 공부시키는 학원이 어딨어."

"정원이가 담임 선생님한테 직접 이야기한 거야. 오늘도 정원이가 지각했는데, 사실 걔가 원래 지각을 자주 했거든. 그런데 오늘은 10시가 넘어서 학교에 온 거야. 1시간이나 지각한 거지. 그래서 선생님이 왜 늦었냐고 물으니까 '저는 밤 12시부터 새벽 2시까지 학원에 다녀서 늦게 자요'라고 했어. 진짜야."

"아무리 그래도 그건 좀 못 믿겠다. 혹시 밤 12시까지 학원에 다닌다는 게 아닐까? 그래도 너무 늦어. 고3도 그렇게는 잘 안 하는데. 초3이 자정까지 학원에 다닌다고? 솔직히 잘 모르겠네. 밤 12시에 잠든다, 가끔은 새벽 2시에 자기도 한다, 그런 건 아닐까? 뭐 그래도 늦긴 늦다. 학원 때문에 그 시간에 자는 게 사실이라면 확실히 문제가 있네."

"그리고 민주는 주말에 학원을 3개씩 다닌대."

"주말에 3개나? 무슨 과목인데?"

"음, 그건 잘 모르겠어. 아무튼 3개 다닌대."

저와 둘째 아이가 실제로 나눈 대화입니다. 정신과 의사로서 누군가를 면담해본 경험에 비춰볼 때 누군가의 말을 100% 믿을 수는 없지만, 터무니없이 100% 거짓으로 꾸며내는 일도 드뭅니다. 특히 10살짜리 아이들의 이야기는요. 이웃 아이가 초등 1학년부터 평일 밤 8~9시까지 학원에 가는 모습을 직접 눈으로 봐왔던 터라, 초등 3학년이 되면 그 이상으로 학원에 다닐 수 있다고 충분히 예상하기도 했고요.

그런데 이렇게 하면 아이는 보통 대기업 직장인보다 더 일하는 꼴입니다. 대기업 직장인의 하루는 아침 9시부터 저녁 6시까지, 근무 시간이 칼같이 지켜지는 경우는 드물지만, 그래도 그것을 기본으로 1~2시간 정도 더 일하는 식으로 흘러가지요. 그런데 밤 9시,

10시까지 학원을, 고작 10살짜리 아이에게요? 그리고 말입니다. 아이가 주말에 학원 3개를 다니면 최소 5시간 근무하는 셈입니다. 1년에 한두 번이면 모를까, 매주 주말 근무라니요. 당연히 번아웃(burn out)이 옵니다. 지금 당장은 괜찮아 보여도 언젠가는 터집니다. 여러분에게 묻고 싶습니다. "밤 9시까지 매일 야근하는 회사를 몇 년이나 다닐 수 있을까요? 매주 주말 근무시키는 회사는요?"

'번아웃 신드롬'이라는 용어는 이미 많이 들어봤을 겁니다. 어떤 일을 하며 장기간 스트레스를 받던 사람이 정신적·육체적으로 극도의 피로를 느끼고, 이로 인해 무기력증, 부정적·냉소적 태도, 직무 거부 등에 빠지는 증상을 일컫습니다. 그런데 번아웃이라는 말은 주로 직업 및 육아와 관련하여 등장합니다. '직장생활 번아웃', '육아 번아웃' 이렇게요.

이런 이유로 아이들의 번아웃은 상대적으로 별 관심을 두지 않는 것이 사실입니다. 어떤 분은 "아이들이 무슨 스트레스를 받아요? 챙길 식구가 있나요, 또 뭐가 있나요? 그저 부모가 해주는 대로 받고 공부만 하면 되잖아요"라고 하더군요. 하지만 학업, 즉 공부와 관련된 번아웃 증후군(academic burnout)은 학자들로부터 많은 관심을 받는 분야입니다. 구글에 'academic burnout'을 키워드로 검색하면 관련 논문을 54만 편 넘게 찾을 수 있습니다. 이 중 아이들과 연관된 연구는 16만 편에 육박합니다. 아이들도 성인과 마찬가지로 장기간의 학업 부담이 계속되면 번아웃이 온다는 것이지요. 과도한 분량과 시간에 지쳐 공부 의욕을 잃고, 해서 뭐하냐는 부정적인 태도를 보이고, 급기야는 포기를 선언해버리는 것입니다. 실제로 우리 주위에서 벌어지고 있는 일입니다.

앞서 초등 1학년 때부터 평일에 밤 8~9시까지 학원에 다녔다는 아이가 있었지요. 작년부터 부쩍 그 아이가 주변에 "학원에 다니기 싫어 죽겠어. 공부 짜증나"라고 호소한다는 이야기를 종종 듣습니다. 이 아이를 앞으로 계속 공부시키려면 얼마나 많은 위기를 넘겨야 할까요?

저는 중학교 2학년 때부터 본격적인 '야근'이 시작되었는데, 중학교 졸업 직전에 번아웃이 정말 제대로 왔습니다. 그다음에는 고등학교 2학년 중반, 대학교 입학 직후, 의과대학 본과 2학년을 마칠 무렵, 이렇게 3번 더 겪어봤습니다. 그 패턴을 살펴보니 1~2년을 열심히 공부하면 꼭 번아웃이 찾아오더라고요.

- 중학교 2~3학년 경시대회 준비 → 번아웃
- 고등학교 1~2학년 학교 적응 → 번아웃
- 대입 시험 준비 → 번아웃
- 의과대학 본과 1~2학년 적응 → 번아웃

한편 번아웃은 한번 오면 며칠 쉰다고 바로 회복되는 것이 아닙니다. 그렇다면 사회적으로 관심을 끌지도 않았겠지요. 회복되는데 상당한 기간(수개월~수년)이 필요하고, 누군가는 극복하지 못하고 하던 일(직업이나 학업)을 그만두기도 합니다. 따라서 애초에 지쳐서 나가떨어지지 않도록 예방하는 것이 무엇보다 중요합니다.

저 역시 번아웃이 올 때마다 무기력한 상태에서 벗어나는데 적어도 3개월이 소요되었습니다. 어떤 때는 1년이 넘게 걸리기도 했습니다. 그동안 학교 진도는 계속해서 나가기에 쫓아가느라 꽤 고생했습니다. 중도에 포기하고 싶은 유혹을 참아내느라 힘들었습니다. "이번 학기가 2개월도 안 남았으니 그동안만 좀 견뎌봐. 일단 학기는 마치고 어떻게 할지 생각해보자"라는 어머니의 이야기에 마음을 돌리며 겨우 버텼습니다. 지금 돌이켜 보면 아찔한 기억입니다. 그때 주저앉았으면 저는 어떻게 되었을까요?

솔직히 다시 돌아가라고 해도 그때처럼 열심히 달릴 것 같습니다. 번아웃을 견딜 각오를 하고서요. 그렇지 않았다면 좋은 성적을 받기가 어려울 것 같기 때문입니다. 제 아이도 언젠가 겪을 고난이라 생각합니다. 단, 반드시 필요한 시기에만요.

이걸 초등 시절부터 시작하는 건 정말 아닙니다. 제 아이는 절대 그렇게 공부시키지 않을 것입니다. 위험은 가능하다면 최소화하는 편이 좋습니다. 밤 9시까지 학원에 다닐 필요가 없는 시기에 왜 그렇게 공부시켜서 시련을 자초합니까.

최소한 직장인만큼이라도 휴식 시간을 보장해주세요. 아침 9시부터 수업이 시작되면 저녁 6시 이후에는 쉬게 해주세요. 아이에게도 주 5일제를 시행해주세요. 주말에는 공부를 안 시키는 겁니다. 그래야 아이로부터 공부 그만둔다는 소리를 덜 듣습니다. 부모에게 '워라밸(워크 앤 라이프 밸런스, work and life balance)'이 중요하듯, 아이에게도 '스라밸(스터디 앤 라이프 밸런스, study and life balance)'을 지켜주는 것이 필요합니다. 그것이 공부에서 실패하지 않는 가장 확실한 길입니다.

Part 3

6세부터 초6까지
서울대 의대
엄마표 연령별 공부법

미취학 6~7세, 공부의 시작을 준비하는 시기

📖 미취학 6~7세 시기의 공부 목표

우리나라 나이로 7세까지의 시기를 우리는 학령전기(preschool age)라고 부릅니다. 그리고 8세에서 13세까지를 학령기(school age)라고 합니다. 왜 8세 이전과 이후를 나눴을까요? 8세를 기준으로 아이에게 주어지는 과제가 확 달라지기 때문이지요.

학령기란 '학교'에 가서 '공부를 시작'할 시기라는 뜻입니다. 글자를 배우고 책을 읽고 수를 세고 더하기와 빼기를 하라는 것입니다. 그렇다면 학령전기, 즉 학교에 다니기 '전' 단계는 아직 그런 공부를 안 해도 된다는 소리입니다. 여기서 잠깐, 반론하고 싶은 분도 있을 겁니다. 그런데 조금만 더 들어보세요. 맞습니다. 학교에 처음

들어가면 한글과 수 세기를 가르치긴 하지만, 한글도 안 떼고 숫자도 모르고 갔다가는 아이도 당황하고 선생님도 당황합니다. 실제로 맞벌이 의사 동료 중에 아이의 한글을 안 뗀 채로 학교에 보냈다가 담임 선생님에게 전화를 받았다는 이야기를 들은 적이 있습니다. 부랴부랴 한글 공부 책을 사서 일주일 만에 금방 따라갈 수는 있었지만, 담임 선생님의 전화는 부모라면 누구나 되도록 받고 싶지 않을 테지요. 아이가 시작부터 왠지 위축될 수도 있고요. 이래저래 한글과 수 세기는 입학 전에 준비하고 가는 것이 좋습니다. 하지만 이 정도를 제외하면 학교에 입학하기 전에 꼭 해야 할 공부는 없습니다. 나머지는 맘껏 쉬고 놀게 내버려둬도 괜찮습니다.

다른 견해를 가진 분도 있을 겁니다. 미취학 시기에 미리 공부해 놓으면 아무래도 도움이 되지 않겠냐고요. 당연히 그렇게 생각할 수 있습니다. 또 시간이든 돈이든 여력이 있어서, 아이에게 하나라도 더 해주겠다는 걸 말릴 이유는 없습니다. 부모가 여유가 있고, 아이도 좋아하면 당연히 해도 됩니다. 하지 말라는 이야기가 아닙니다. 부모가 아이를 위해서 노력한다는데 나쁠 게 뭐가 있을까요? 하지만 '꼭 그렇게 일찍 시작해야 할까?'라는 부분에서는 솔직히 의문입니다.

이 책을 시작하면서 우리는 '학교 공부란 무엇인가'에 대해 이야기를 나눴습니다. 공부를 시키는 이유는 공부를 잘했으면 하는 마음 때문이고, 학교 공부를 잘한다는 것은 시험에서 좋은 점수를 받는다는 것과 같은 뜻이며, 시험이 본격적으로 치러지는 시기는 중학교 이후라는 사실을 말이지요. 즉, 부모가 아이를 공부시키는 1차 목표는 '중고등학교의 시험에서 고득점을 올리는 것'입니다. 그렇다면 미취학 시기에 미리 공부시키는 것이 이 목표를 달성하는 데 얼마나 도움이 될까요? 초등 6년간 공부할 내용을 2년 앞당겨 8년간 시키면 더 잘하게 될까요? 6년만 하면 정말 부족할까요? 7살 때 덧셈과 뺄셈을 먼저 배워도 어차피 학교에 가면 다시 배울 텐데, 그럼 꼭 미리 할 필요가 있을까요? 초등학교의 교과 진도는 꽤 느린 편인데 말입니다. 학교 공부란 무엇인가의 핵심을 생각하면 초등 입학도 안 한 아이를 군이 책상에 앉혀둘 필요가 없다는 사실을 충분히 유추할 수 있습니다.

한편 '어린아이에게 미리 학교 공부를 시키지 마세요'라고 거듭 강조하는 이유는 솔직히 학교 공부는 대부분 지루하기 때문입니다. 아니라는 분도 있겠지만, 저는 그랬습니다. 지루하고 힘든 과제는 되도록 짧게 끝내는 편이 좋습니다. 최대한 편안하고 쉬운 방법으로 해야 끝까지 해낼 확률이 올라갑니다. 이성보다 감정에 휘둘리는 어린 시기에는 특히 이 점을 염두에 두고 접근해야 합니다. 이 시기에는 공부에 대한 나쁜 인상을 심어주지 않기만 해도 성공입니다.

한글은 언제 떼면 좋을까요? 되도록 일찍? 꼭 그럴 필요는 없습니다. 한글 떼는 시기는 초등학교에 들어가기 전이기만 하면 됩니다. 만약 아이가 "한글을 너무 배우고 싶어요", "친구들이 다 아니까 나도 쓰고 싶어요"라고 원한다면 더 일찍 가르쳐줘도 됩니다. 그런데 이런 경우가 아니면 굳이 서두를 필요가 없습니다. 최대한 늦어도 괜찮습니다. 오히려 아이의 개월 수가 늘어날수록 학습 능력과 언어 능력이 발달하기 때문에 투자하는 시간 대비 효율이 좋아지거든요.

또 한글은 일상생활에서 계속 노출되는 것이라, 길거리에서 간판 보기, 부모님과 함께 책 읽기, 사물 이름 말하기 등을 반복하면서 저절로 배우기도 합니다. 5세 아이가 1년 걸릴 내용을 7세 아이는 며칠이면 끝낼 수도 있습니다. 그러므로 평소에 사물의 이름을 알려주거나 간판의 글자를 읽어주고, 7세가 되었을 때 (필요하다면) 한글 공부 책을 사서 풀리거나 한글 공부 영상을 검색해서 보여주면 됩니다.

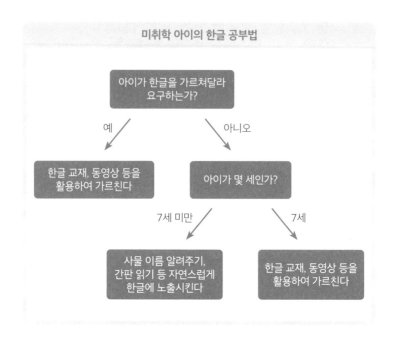

그래도 부모라면 한 번쯤은 아이가 어릴 때 최대한 빨리 한글을 가르치고 싶은 마음이 드는 것이 사실입니다. 그럼 혼자서 책을 읽을 수 있을 테니까요. 1년 빨리 책을 보기 시작하면 남들보다 몇 권을 더 읽을 수 있을까요? 문해력은 얼마나 좋아질 거고요? 상상만 해도 설레지요. 저도 겪어봐서 잘 압니다. 하지만 그 시기에 혼자서 책을 읽을 수 있다고 국어 천재가 되는 것은 아닙니다. 앞으로 공부를 잘하게 되는 것도 아니고요. 글자를 읽을 수는 있어도 이해하는 능력이 따라주지 못하기 때문에 큰 도움이 안 됩니다.

핀란드는 만 7세 이전 아이들에게 읽는 법을 가르치지 않도록 권장하고 있습니다. 여러분도 한 번쯤 들어본 적 있는 이야기일 것입니다. 그런데 이 나라의 국제학업성취도평가(PISA, Program for International Student Assessment, 만 15세 청소년 대상) 중 읽기 능력을 보면 2018년 기준으로 세계 5위입니다. 우리나라보다 더 높습니다. 이게 무슨 뜻일까요? 만 7세 이전에 읽을 줄 알든 모르든 장기적으로 보면 차이가 없다는 것이겠지요. 그도 그럴 것이 언어 기능은 만 7세 이후에 새로운 변화를 맞이하거든요. 그 무렵이 좌뇌의 언어 기능 중추가 본격적으로 활성화되는 시기입니다. 그 전에 글자를 교육하는 건 노력에 비해 효과가 떨어진다는 이야기입니다. 그러므로 한글은 일단 학교 가기 전에만 떼면 된다는 마음으로 편안히 접근하면 됩니다. 4살도 안 된 아이에게 한글 교재를 사서 공부를 시기기도 하는데, 그럴 필요가 없습니다.

다음은 초등 1학년 1학기 국어 교과서의 차례입니다.

1단원 바른 자세로 읽고 쓰기

2단원 재미있게 ㄱㄴㄷ

3단원 다 함께 아야어여

4단원 글자를 만들어요

5단원 다정하게 인사해요

6단원 받침이 있는 글자

7단원 생각을 나타내요

8단원 소리 내어 또박또박 읽어요

9단원 그림일기를 써요

한 학기 내내 한글 읽기와 쓰기만 배웁니다. 조급할 이유가 하나도 없습니다. 입학 전에 읽기만 떼고 들어가고 그 뒤는 학교 들어가서 해도 충분합니다. 7살 때 한글 공부 책 한 권만 사서 시키면 한 달이면 끝납니다.

사실 글자 자체를 배우는 것은 어렵지 않습니다. 한글은 세종대왕이 '까막눈인 백성들도 읽고 쓸 수 있도록' 만든 글자입니다. 자음 19개(쌍자음 포함), 모음 21개(이중모음 포함)가 어떤 소리를 내는지만 외우면 됩니다. 아주 쉬운 글자입니다. 문맹률은 거의 제로에 가깝습니다. 다들 "아이 한글은 어떻게 떼나요?"라고 걱정하지만, 학교 들어갈 때쯤이면 대부분의 아이들이 읽을 줄 아는 상태가 됩니다. 그런데 우리나라 국민의 '실질 문맹률(문서를 이해하지 못하는 인구 비율)'은 상당히 높은 편입니다. 낮은 문맹률이 무색하게도 글을 이해하는 능력은 OECD 국가 중 하위권입니다. 글자를 읽어도 뜻을 모르는 게 문제란 이야기입니다. 그렇다면 '글자'가 아니라 '글을 해석하는 능력'을 키우는 데 초점을 맞추는 것이 좋겠지요.

따라서 지금은 대화를 나누고, 책 읽어주기에 집중해야 합니다. 부모와의 소통을 통해 아이의 듣기, 말하기, 어휘력을 향상시킬 때입니다. 사실 이것이 이 시기의 진짜 중요한 과제입니다. 공부 기본기인 문해력은 이를 통해 만들어지기 때문입니다.

아이와 수다를 떠세요. 한참 어린아이와 무슨 이야기를 어떻게 나눠야 할지 막막해하는 부모도 많은데, 그냥 잘 듣기만 해도 됩니다. 적당한 추임새를 넣어가면서요. 경청은 대화를 이끄는 가장 기본이지요. 아이에게도 마찬가지입니다. 불행인지 다행인지 이 시기의 아이들은 정말 발화량이 많습니다. 질문도 자주 합니다. 그 이야기를 흥미 있게 들어주고 묻는 말에 잘 대답해주면 끝입니다. 부모는 가끔 "왜 그렇게 생각하는데?" 정도의 질문만 던지면 됩니다. 이 과정을 통해 아이는 자기의 생각을 정리하고 주변 현상을 해석하는 법을 배웁니다. 다음은 아이와 대화를 이어나가는 마법의 문장들입니다.

- 관심을 표현할 때: "진짜?"

- 공감을 표현할 때: "어머, 정말 그랬겠다.", "응, 그럴 수도 있지."

- 공감하지 못할 때: "왜 그렇게 생각하는데?"

- 이도 저도 아닐 때: "그래?"

대부분의 대화는 이러한 문장들로 해결됩니다. 적당히 반복해서 사용하면 몇 시간이고 수다를 떨 수 있습니다.

"엄마, 오늘 유치원에서 현우가 선생님한테 혼났어."

"어머 진짜? (관심 표현) 왜 그렇게 되었는데?"

"응, 현우가 준수랑 싸웠거든. 원래 현우는 준수랑 친했는데, 준수가 현우한테 장난을 친 거야. 수업 시간에. 지우개를 던지고… (중략) 그래서 현우가 화가 많이 났어."

"어머, 정말 그랬겠다." (공감)

"현우가 준수 등을 때렸거든. 그래서 선생님한테 혼났어. 난 그런데 선생님이 잘못했다고 생각해."

"왜 그렇게 생각하는데?" (비공감)

"사실 준수가 먼저 잘못했잖아. 어떻게 된 일인지 정확히 알아보고 혼내야 할 거 아니야."

"응, 그렇게 생각할 수 있겠네." (공감)

"근데 있잖아. 사실 준수는 진짜 나빠." (준수의 악행 나열)

"그래?" (이도 저도 아닐 때)

모든 이야기는 공감하거나, 공감하지 않거나, 이도 저도 아니거나 이렇게 셋 중 하나일 테니 어떤 이야기에도 문제없이 대처할 수 있습니다.

어른 사이의 대화를 들려주는 일도 중요합니다. 식탁에서 엄마와 아빠가 많은 이야기를 나누라는 것입니다. 사실 아이들과 대화를 하다 보면 주제와 어휘량에 한계가 느껴집니다. 아이들은 재밌었거나 화가 났던 '개인적인 사건'에 대한 이야기만 주로 하거든요. 이런 아이들을 데리고 구글의 전망은 어떨지, 한류가 무엇이며, 달걀값은 언제 내려갈지, 앞으로 세계 정세는 어떻게 펼쳐질지 등의 이야기를 나누기는 어렵습니다. 어휘력과 이해력을 폭발적으로 늘려주고 싶다면 어른들의 바깥세상 이야기를 들려주면 됩니다.

정치, 사회, 경제, 문화, 일상… 어떤 이야기든 좋습니다. 식탁에서 대화를 나누세요. 부모의 대화를 듣고 아이들은 자연스럽게 다량의 어휘를 배웁니다. 생각의 흐름도 익히고요. 중간중간 "방금 그건 무슨 뜻이야?", "왜 그렇게 돼?"라는 질문도 할 것입니다. 그러면서 또 아이와의 대화가 시작되는 것입니다. 이것이야말로 참된 국어 교육이 아닐까요?

"이번에 테슬라 주가가 또 고점을 찍었다던데?"

"우아, 어째서 그렇게 된 거야?"

"렌트카 회사 '허츠'라고 알지? 이번에 그 회사에서 테슬라 자동차를 10만 대나 산다고 발표했대."

"헐, 테슬라 주식 올해라도 살걸 그랬나."

"이제 진짜 전기차로 세상이 다 바뀌나 봐."

"엄마 아빠, 지금 무슨 얘기해? 테슬라가 뭐야?"

"응, 테슬라라는 전기차 만드는 회사가 있는데, 요즘 장사가 잘된다, 앞으로 기름으로 달리는 차가 아니라 전기차가 주로 달리는 세상이 올 거란 얘기를 하고 있었어. 이번에 아주 큰 렌터카 회사가 10만 대나 전기차로 바꾼다고 뉴스에 나왔거든."

"렌터카는 뭔데?"

"우리가 옛날에 제주도 갔을 때 우리 차 말고 다른 차를 빌려 탔잖아. 그렇게 차를 빌려주는 걸 말해."

"근데 왜 전기차로 다 바뀌어?"

"그게 지금 타는 차는 기름을 넣고 달리거든. 그럼 공기가 많이 더러워져. 차 옆에 지나가다 보면 매연 냄새가 나잖아. 그런데 전기차는 그런 매연이 나오지 않아. 요즘 전 세계가 환경 보호를 위해 노력하자는 분위기라서, 앞으로 전기를 연료로 달리는 차만 다니는 세상이 곧 올 것 같다는 얘기야."

아이에게 책을 읽어주는 것은 더 강조할 필요가 없겠지요. 일상에서 잘 사용하지는 않지만, 꼭 알아야 할 어휘를 익히는 데 가장 유용한 방법입니다. 아이가 많은 책을 보고 싶어 하도록 흥미진진하게 읽어주세요.

　가끔 도서관에 가보면 어린아이를 무릎에 앉힌 채, 책에 나오는 어휘 하나하나를 짚어가면서 머릿속에 넣어주려고 하는 부모도 있는데, 꼭 그럴 필요는 없습니다. 아이가 먼저 묻지 않는 한 그냥 읽어주고 넘어가면 됩니다. 글자 공부에 집착하면 책 읽기가 지루해지기 때문입니다. 우리도 영어책을 보려고 마음먹었을 때, 단어를 어떻게 소리 내야 하는지 일일이 살펴보면서 읽으면 영어 공부 자체가 싫어지잖아요. 똑같은 일이 벌어질 수 있습니다. 이것이야말로 소탐대실입니다. 무조건 재미있게 읽어주세요.

　여기에 조금 더 욕심을 낸다면, 저는 부모가 독서를 하는 걸 추천합니다. 아이의 어휘력, 사고하는 방식, 의사소통 능력은 부모로부터 상당한 영향을 받기 때문입니다. 부모가 사용하는 어휘가 많으면 아이도 저절로 많은 어휘의 뜻을 알게 되겠지요. 부모가 책이나 기사를 읽고 해석하는 과정을 모방하며 생각하는 힘을 키울 테고요. 고전 소설에서 귀족 집안의 아이가 귀족이 사용하는 언어와 말투를 그대로 따라 하는 모습을 떠올려보면 쉽게 유추할 수 있습니다. 부모의 독서는 아이에게 고급 어휘와 사고방식을 물려줄 수 있는 좋은 방법입니다.

1. 한글 떼기는 시기에 집착하지 않는다

- 초등학교 입학 전에만 떼면 충분하다.
- 아이가 원한다면 언제든 가르쳐준다.
- 평소에 사물 이름을 읊어주고 간판을 읽어준다.
  (예) 버스, ○○ 약국, □□ 피아노 등
- 7세가 되었을 때 (필요하다면) 한글 공부 교재나 동영상을 활
  용하여 가르친다.

2. 아이와 수다를 떤다

- 글자의 '모양'이 아닌 글의 '내용'을 파악할 힘을 길러준다.
- 적절한 추임새를 넣으며 아이 스스로 생각하고 말하게 한다.
  (예) "어머 진짜?"
      "어머, 정말 그랬겠다."
      "응, 그럴 수도 있지."
      "왜 그렇게 생각하는데?"
      "그래?"

3. 어른이 사용하는 어휘를 습득하게 한다

- 아이 앞에서 엄마 아빠가 대화를 나눈다.
- 정치, 경제, 사회, 문화 등 바깥세상 이야기를 들려준다.
- 아이를 부모의 대화에 참여시킨다.
  (예) 아이가 질문하면 친절하게 대답해주면서 대화에 끌어들
      이기

4. 아이가 독서를 즐기도록 만든다

- '재미있게' 책을 읽어준다.
- 책으로 '가르치려' 하지 않는다.
- 손가락으로 짚으며 한글을 가르치지 않는다.

5. 아이에게 고급 어휘와 사고방식을 물려준다

- 부모 스스로 책을 읽는다.
- 책에서 본 새로운 어휘를 일상생활에서 사용한다.

수학 공부 방법_ 수 개념부터 세기까지

이 시기 수학 공부의 목표는 숫자를 어떻게 읽고 쓰는지 익히고, 20까지 셀 수 있으면 됩니다. 숫자야 0부터 9까지 총 10개밖에 안 되므로 읽고 쓰는 법을 외우는 데 시간이 얼마 안 걸리겠지요. 이건 입학하기 직전에 하면 됩니다. 그렇다면 평소에 해야 할 건 다음과 같은 연습뿐입니다.

"저건 몇 개일까?"

"사과 하나 둘 셋, 세 개!"

"손가락과 발가락은 모두 몇 개일까? 하나, 둘, 셋 … 열아홉, 스물."

이 정도면 학교 가기 전 준비는 끝입니다. 그 이상은 학교 가서 배워도 충분합니다. 1학년은 진도가 천천히 나가거든요. 실제로 학교에 가면 15일 동안 1부터 9까지 숫자 쓰는 법과 세는 법만 가르칩니다. 초등 1학년 1학기 수학의 1단원이 '9까지의 수'거든요. 그리고 한 학기 동안 배우는 덧셈과 뺄셈의 수준이란 2+3=5, 5-2=3 등 손가락으로 계산할 수 있는 정도입니다. 학기 말이 되면 50까지 세도록 가르칩니다. 정말 진도가 느립니다.

게다가 초등 1학년의 학교 수업 시간은 하루에 고작 4시간입니다. 낮 1시가 되기 전에 집에 옵니다. 유치원에 다닐 때보다 여유 시간이 더 많습니다. 공부할 시간이 없을까 봐 미리 당겨서 선행시킬 필요도 없습니다. 입학하고 나서 수학 공부를 시작해도 충분합니다. 1년 먼저 더하기와 빼기를 할 줄 안다고 수학을 더 잘하게 되는 건 아닙니다. 반대로 제 나이에 배운다고 해도 수학을 못하게 되지는 않습니다. 다시 말해 어린 나이에 셈을 배우든 아니든 상관없다는 것이지요. 그렇다면 굳이 일찍부터 시켜야 할 필요가 있을까요? 아이가 셈하는 걸 너무 좋아해서 스스로 하겠다면, 그건 언제나 환영입니다. 하지만 하기 싫어하는 아이를 억지로 붙들어 시킬 이유는 없습니다.

한때 웃기다는 이유로 인기리에 공유되던 영상이 있었습니다. 한 엄마가 6살짜리 남자아이에게 뺄셈 문제집을 풀리는 내용이었지요. 아이는 "하기 싫어 죽겠다", "내가 왜 이것을 해야 하는데"를 연발하며 엄마와 실랑이를 벌였습니다. 아이의 귀여운 사투리와 투정에 저도 모르게 웃음이 나오기도 했지만, 한편으로는 조금 걱정이 되더군요.

'이 아이가 앞으로 수학을 좋아하게 될까, 싫어하게 될까?'

답은 여러분의 판단에 맡기겠습니다. 이것 말고도 부작용이 또 생길 수 있습니다. 교과 과정을 미리 당겨서 공부하면 수업 시간이 너무 지루해집니다. 아이 입장에서는 이미 다 아는 내용을 반복할 뿐이잖아요. 5+8=13, 이렇게 손가락 범위를 넘어가는 덧셈까지 할 줄 아는 아이는 1학기 내내 어떤 마음일까요. 그럼 학교는 시간을 때우러 가는 곳이 되어버립니다. 왜 수업을 들어야 하는지 잘 모르겠지만 선생님이 가만있으라니 참는 곳. 학교 수업에 대한 좋은 첫인상을 갖기가 어렵겠지요.

하지만 공부를 잘하려면 학교 수업에 집중하는 전략이 꼭 필요합니다. 이어서 더 자세히 이야기하겠지만 가장 효율적이고 쉬운 방법이기 때문입니다. 그러려면 수업을 열심히 듣는 습관을 들여야겠지요. 학교를 다니기 시작할 때부터 말입니다. 그런데 이 습관은 "수업 시간에 집중해라", "선생님 말씀 잘 들어라" 이렇게 억지로 주입해서 들일 수 있는 것이 아닙니다. 아이가 진짜 수업이 '재미있어서', '필요해서' 듣는 것만이 유일한 방법입니다. 학교 수업을 필요하게 만들고 재미있게 만드는 것은 오직 '호기심'뿐입니다. 새로운 걸 알고 싶다, 궁금한 걸 해결하고 싶다, 이 마음이 아이를 움직입니다. 그것을 없애버리면 안 됩니다.

아직 학교에 들어가기 전이라면 연산 학습지를 시키지 마세요. 초등 3학년을 마칠 때까지 자연수의 더하기, 빼기, 곱하기, 나누기를 학교 수업 시간에 배웁니다. 최소 3년 내내 사칙 연산을 연습할 수 있습니다. 더 일찍 시작할 필요가 없습니다.

지금 이 시기의 목표는 학령기를 즐겁고 편안하게 시작할 수 있도록 준비를 하는 것입니다. 미리 당겨서 하는 게 아니고요. 그것을 꼭 기억해야 합니다. 남는 시간은 실컷 놀게 두세요. 밖으로 나가 아이와 함께 걸으세요. 지나고 보면 그게 남는 장사입니다. 다시 한번 강조하지만, 공부에서 가장 중요한 것은 체력입니다. 무엇보다도 몇 년 지나지 않아 아이는 종일 책상에 앉아 보내는 삶을 살게 됩니다. 그 시작을 굳이 앞당기지 마세요.

1. 사물을 이용해 자연스럽게 숫자와 수 세기의 개념을 가르친다

- 사과 3개, 손가락 10개, 손가락 발가락 20개… 수 세기를 연습시킨다.
- 숫자 쓰기와 읽기(0~9, 하나, 둘, 셋, … 열여덟, 열아홉, 스물)를 가르쳐준다.

2. 연산 연습을 미리 시키지 않는다

- 연산 학습지는 초등 입학 이후에 풀게 한다.
- 숫자 공부와 수 세기만 할 줄 알면 충분하다.

3. 공부의 기본기 중 체력 쌓기에 집중한다

- 맘껏 쉬고 놀게 내버려둔다.
- 밖으로 나가서 아이와 함께 걷는다.

초등 1~2학년, 문해력과 연산력을 다지는 시기

🎓 초등 1~2학년 시기의 공부 목표

드디어 공부를 '시작'하는 시기에 들어왔습니다. 이제 공부의 기본기인 문해력과 연산력을 본격적으로 다질 때입니다. '본격적'이라고 표현했어도 방법은 최대한 느슨해야 합니다. 아직 어린아이이기 때문입니다.

초등 1~2학년 아이를 보면 학교에서 거의 놀다가 오는 것 같습니다. 뭘 배우긴 하나 궁금할 정도입니다. 그래서 많은 부모들이 불안해합니다. 학교 진도만 따라가다간 큰일 날 것 같고, 우리 아이만 뒤처질 것 같고, 집에서 따로 많이 시켜야 할 것만 같습니다. 하지만 학교에서 그렇게 가르치는 데는 다 이유가 있습니다. 공부의 '시작'이잖아요. 최대한 편안하게 접근해야 아이들이 적응하기 쉽습니다. 학교란 원래 별로 다니고 싶지 않은 곳인데, 어렵게 가르치면 등굣길이 얼마나 무거울까요. 그래서 가볍게 가르치는 것입니다.

그리고 중요한 또 하나의 이유는, 더 해도 아이들이 소화를 시키지 못하기 때문입니다. 이 시기의 아이들은 아직 뇌가 한창 발달하는 중이거든요. 인지 기능에 중요하다고 잘 알려진 전두엽의 발달이 완성되려면 멀었습니다. 아직 정보를 처리할 능력이 부족합니다. 어린아이들의 뇌는 스펀지 같다지만, 발달 속도가 빠르다고 마구 배울 수 있다고 착각하면 안 됩니다. 그건 태어났을 때 누워 있던 아이가 3년 만에 달릴 수 있게 되었다고 육상 연습을 시키는 것과 똑같습니다. 그런다고 나중에 더 잘 달리게 되진 않습니다.

인지 기능의 완성 시점은 아무리 일러도 10대 후반입니다. 정보 처리 기능(information processing)은 약 18~19세, 단기 기억력(short term memory)은 약 25세에 정점을 찍습니다. 즉, 공부는 후반부에 달릴수록 시간 대비 효과가 큽니다. 자동차로 치면 엔진이 점점 업그레이드되는 셈입니다. 한편 엔진이 따라주지 않는데 과속하면 어떻게 될까요? 자동차가 고장 나겠지요. 그래서 지금은 절대 과부하가 걸리게 하면 안 됩니다. 아이의 발달 단계에 맞춰 천천히 공부를 시켜야 합니다. 그러면 그 감을 어떻게 잡을까요? 학교의 교육 과정을 참고하면 됩니다.

교육 과정은 전문가들이 아이의 발달 과정을 충분해 고려해서 만든 것입니다. 그 나이 때에 가장 적합한 학습량을 제시하고 있습니다. 즉, 학교에서 놀면 집에서도 놀게 해주세요. 학교에서 공부하는 양이 늘어나면 그만큼 공부량을 늘리면 됩니다. 다음 그림처럼 말입니다.

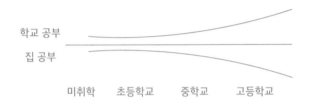

어쩌면 이 그림을 보고 덜컥 겁이 나는 분도 있을 것입니다. 중고등학교 때 공부를 저렇게 많이 해야 하다니, 도저히 불가능해 보일 테지요. 중고등 시기의 공부를 조금이라도 덜어서 초등 시기에 미리 했으면 좋겠다는 생각이 들 수 있습니다. 하지만 미리 걱정할 필요가 없습니다. 중고등학교 때는 시간당 소화할 수 있는 공부량이 다릅니다. 예를 들어, 초등학생이 1시간에 3km를 갈 수 있다면 고등학생은 같은 시간에 그보다는 더 많이 갈 수 있습니다. 지금은 어려워 보여도 그때 되면 할 수 있습니다. 인지 기능도 좋고 체력도 초등학생과는 비교 불가입니다. 서두르지 않아도 됩니다.

초등 1~2학년 시기에는 슬렁슬렁 가도 됩니다. 아이가 하기 싫다고 하면 멈추고 잠시 쉬어도 괜찮습니다. 애초에 학교 진도가 느리기에 잠시 중단한다고 해서 멀리 뒤처지지 않습니다. 반년 동안 손가락을 활용한 덧셈과 뺄셈 정도를 공부하는데, 일주일 놀면 뭐 어떨까요.

🔖 문해력 키우기_ 아이가 줄글책을 읽지 않으려고 한다면

유치원 때까지 그림책은 잘 읽었는데 줄글책은 절대 안 읽으려고 하는 아이가 있을 수 있습니다. (여기서 그림책은 유아동 대상 도서로, 매 페이지에 그림과 글이 함께 나오는 책을 말합니다. 초등 대상인데 종종 삽화가 보조적으로 등장하는 책은 줄글책으로 분류합니다.) 사실 꽤 많습니다. 정도의 차이는 있지만, 아이가 그림책에서 줄글책으로 넘어가는 단계에서는 크고 작은 위기를 겪습니다. 이럴 때 어떻게 하면 좋을까요? 억지로 시켜봤자 잘 안 된다는 것은 쉽게 예상할 수 있습니다. 아이가 신나게 시작해도 중간에 언제든 그만둘 수 있는 게 책 읽기이기 때문입니다.

우선 '스티커 붙이기'라도 해볼까요? 10권 읽으면 상 주기? 물론 단기간에 효과를 기대할 수는 있겠지만 저는 추천하지 않습니다. 일단 스티커를 빨리 받기 위해 책을 대충 보고 싶은 유혹이 생길 것입니다. 또 이왕이면 짧고 쉬운 책만 고르려고 할 테고요. 그러면 책 읽기 실력이 늘지 않습니다. 시간 낭비입니다. 그리고 언제까지 계속 스티커를 붙일 건가요? 보상이 있다가 사라지면 그 일을 안 하고 싶은 게 인간의 심리입니다. 예전에는 돈 받고 하던 일을 갑자기 공짜로 하라고 하면 어떻게 되겠습니까? 일을 관두려고 하겠지요.

이때는 진짜 원인을 파악해서 해결해주면 됩니다. 아이가 줄글책을 왜 안 읽으려고 하는지 그 이유를 말입니다. 답은 어려워서입니다. '혼자 읽기' 어려워서. 아무래도 글자는 그림처럼 눈에 확 들어오는 게 아니기 때문입니다. 내용을 파악하려면 한 번 더 생각해야 합니다. 그때 아이가 '난 이런 책은 싫어. 못 읽어. 어려워'와 같은 느낌을 받을 수 있습니다. 이럴 때 도와주면 됩니다. 어떻게 도와줄까요? 부모가 '함께' 읽는 방법이 있습니다.

아이와 함께 책 읽기란 말 그대로 책 한 권을 부모와 아이가 함께 낭독하는 것입니다. 한 페이지씩 낭독하거나, 주인공의 대사만 아이가 읊거나 등 책 한 권을 편한 방식으로 배분한 후 번갈아 읽는 방법이지요. 한 권을 다 마칠 때까지 하루에 2~30분 또는 한 챕터씩 꾸준히 진행하면 됩니다. 부모와 함께 책의 마지막 페이지까지 정복하면 아이는 줄글책에 대한 두려움을 상당 부분 떨쳐낼 수 있을 것입니다. 어찌 되었든 끝까지 한 번 가봤으니 말입니다. 100페이지짜리, 150페이지짜리, 200페이지짜리 책 완독. 이런 식으로 분량을 늘리면서 아이와 함께 책을 읽어보세요. 200페이지짜리 책을 정복하면 이제 웬만한 책은 두렵지 않게 되겠지요. 예전에는 엄두가 안 나 덮어버리던 책도 끝까지 읽을 수 있을 것입니다. 이 방법은 상대방이 소리 내어 읽는 동안 자기도 마음속으로 같이 읽어야 하거든요. 그래야 자기 차례에 바로 낭독을 시작할 수 있을 테니까요. 즉, 부모와 나눠서 보는 것 같지만 결국 혼자서 책 한 권을 다 읽는 셈입니다. 음독과 묵독을 섞었을 뿐이지요. 이렇게 몇 권을 떼고 나면 금방 비슷한 책을 독립적으로 볼 수 있게 됩니다.

실제로 저는 이 방법으로 드라마틱한 효과를 봤습니다. 제 아이하나가 초등학교에 들어간 뒤로 정말 줄글책을 안 읽으려고 했습니다. 도서관에 가보면 맨날 그림책만 고르더군요. 한 페이지에 문장 2줄짜리요. 초등 2학년이 그러고 있으니 솔직히 속이 탔습니다. 몇 번 그러다 도저히 안 되겠다고 생각해서 "재미있어 보이는 줄글책 좀 골라와봐"라고 등을 떠밀었습니다. 그러면 할 수 없이 빌려오긴 했는데 반납일이 될 때까지 안 펴봤습니다. 한두 장 읽다가 덮어버리더라고요. 책을 억지로 읽게 할 수는 없으니 방법이 없다 체념하고 몇 달을 보냈습니다. 그동안 자기가 좋아하는 책만, 그러니까 그림책만 보게 내버려뒀습니다. 제가 '전부' 낭독해준 3~4권 말고는 줄글책은 쳐다도 보지 않았습니다.

그런데 어느 날, 아이가 소설 『빨강머리 앤』을 사달라고 조르는 겁니다. TV 만화를 보고 나선 호기심이 일었던 것이지요. 그래서

'이제 드디어 줄글책 좀 읽게 되나' 생각하며 신이 나서 샀습니다. 그런데 도착한 책을 보니 이것은 어른도 읽기 힘들 것 같더군요. 글씨도 작고 어떤 페이지는 묘사로만 가득 차 있는(누구네 마당에는 무슨 꽃, 무슨 꽃, 무슨 꽃이 흐드러지게 피어 있고, 무슨 덩굴이 가득했고… 누구는 성격이 어떻고 옷은 어떻게 입고…) 꽤 까다로운 책이었습니다. 아이가 읽었을까요? 그럴 리 없겠지요.

"너 책 사달라고 해놓곤 왜 안 읽니?"

"도저히 읽을 수가 없어. 너무 어려워. 재미없어."

"처음에는 어려워도 조금 읽다 보면 재미있어져."

"그래도 싫어."

몇 번을 실랑이하다가 포기했습니다. 그러던 어느 날, 이번에는 소설『소공녀 세라』를 사달라고 하더라고요. TV에서 한창 그 만화를 하고 있었거든요. 전에 사놓은『빨강머리 앤』도 안 봤으면서 다른 책이라니, 말이 되는 소리냐고 거절했습니다. 하지만 이번 책은 무조건 읽겠다면서 어찌나 떼를 쓰던지요. 결국 사주기로 했습니다. 대신 조건을 걸었습니다.『빨강머리 앤』을 다 읽는 날에『소공녀 세라』를 구입하는 것으로 말입니다. 단, 혼자서는 못 읽을 게 뻔하니 저와 같이 읽기로 했습니다. 분량이 워낙 많아서 아이가 주인공인 '앤'의 대사를 읽고, 저는 그 나머지를 읽었습니다. 그렇게 38일 동안 매일 하루에 한 챕터씩 (보통 30분 소요) 524페이지에 달하는 책을 결국 끝냈습니다. 책을 마쳤을 때 둘이 얼마나 기뻐했는지 모릅니다. 엄청난 성취감을 느꼈지요.

그날 이후 기적 같은 일이 벌어졌습니다. 아이가 이제 책을 두려워하지 않게 된 것입니다. '500페이지가 넘는 어른 책을 정복했는데, 책 그까짓 거 못 읽을 게 뭐야' 싶은 마음이 들었나 봅니다. 이후 『소공녀 세라』는 약속대로 아이 혼자 읽었습니다. 445페이지짜리였는데도요. 기대도 안 했는데 깜짝 놀랐습니다. 그리고 나선 600페이지가 넘는 『안녕, 앤』이라는 소설도 끝내더군요. 지금은 아이가 거의 매일 책을 봅니다. 일주일에 6~7권쯤은 예사로 읽습니다. 흥미 없는 책은 여전히 쉽게 덮어버리곤 하지만요. 그래도 이게 어딘가요? 혹시 줄글책을 읽지 않으려는 아이 때문에 고민이라면 꼭 한번 시도해보세요. 강력히 추천하는 방법입니다.

> **1. 아이가 줄글책을 읽지 않으려고 한다면 정확히 원인을 파악하고 대처한다**
>
> - 단순한 미끼로 유혹하지 않는다.
>   (예) 스티커 붙이기, 책 몇 권 이상 읽으면 상 주기 등
>
> **2. 아이가 줄글책을 버거워한다면 함께 번갈아 읽어준다**
>
> - 아이가 읽고 싶어 하는 책을 선택한다.

- 홀수, 짝수 페이지로 반반 나눠 읽거나 주인공 대사를 아이에게 맡긴다.
  (예) 주인공의 대사는 아이가, 나머지는 부모가 읽는 방식 등
- 하루 한 챕터 또는 30분씩 함께 읽는다. (분량 조절 가능)
- 앞의 과정을 한 권이 끝날 때까지 지속한다.

3. 성취감과 문해력을 동시에 길러준다

- 아이와 함께 2번의 과정을 반복하며 50페이지, 100페이지, … 200페이지 순으로 점점 분량이 많은 책에 도전한다.

연산력 키우기_ 아이가 연산 연습을 지루해한다면

앞서 연산 연습은 시중에 나와 있는 문제집 2페이지를 매일 꾸준히 풀리면 된다고 했습니다. 문제 개수로는 약 20문제, 시간으로 환산하면 하루에 10~20분 정도입니다. 그리 부담되는 수준은 아니라고 생각합니다. 그러나 실제로는 이 짧은 몇 분도 공부시키기 쉽지 않습니다.

"너 문제집 풀었니?"
"아니, 좀 이따 할게."

"좀 이따 언제 할 건데?"

"아, 조금 이따 한다고. 지금은 말고 좀 이따가!"

"10분이면 푸는 걸 왜 미루고 그래?"

"문제집 푸는 거 진짜 싫어. 그리고 왜 이걸 계속해야 해? 나 덧셈 뺄셈 다 할 줄 알아."

아이 입장이 이해 안 되는 건 아닙니다. 부모가 봐도 단순 연산 연습은 꽤 지루하기 때문입니다. 게다가 (자기 눈에는) 이미 잘할 줄 아는 셈을 계속 반복하라니, 아무리 인내심 좋은 아이라도 하기 싫다고 할 수밖에 없을 겁니다. 이럴 때는 아이의 의욕을 북돋우거나 더 쉽고 재미있는 공부법을 찾아보는 방법이 있습니다. 가족끼리 구구단 게임을 한다든지, 퀴즈를 낼 수도 있습니다. 예전 기억을 떠올려보면, 저는 어머니가 내는 퀴즈에 답하는 게 참 즐거웠습니다. 같은 문제라도 문제집보다 훨씬 재미있게 풀었습니다.

부모가 된 지금의 저도 아이가 문제 풀기 싫어할 때 이 방법을 쓰고 있습니다. 어떤 때는 아이 손을 잡고 책상에 데려가 문제집을 펴주기도 합니다. 과외 교사처럼 한두 문제를 같이 풀어줍니다. 공부의 시작을 도와주면 그 뒤는 수월하게 진행되는 현상을 이용한 것입니다. 그리고 나서 아이가 문제를 푸는 동안 저는 밀린 집안일을 합니다. 빨래를 개는 등 아이 주변에서 이런저런 일을 하는 것이지요. 제가 일하고 있으니 아이도 중간에 놀고 싶지만 꾹 참고서 할 수밖에요. 이 정도면 거의 대부분 성공합니다.

혹시 "조금 게으름 부릴 때는 괜찮은 방법이네요. 하지만 어느 날 갑자기 아예 문제집 풀기를 거부할 때는 어떻게 하면 좋을까요?"라고 묻고 싶은 분이 있을 겁니다. 많은 부모들이 힘들어하는 상황이지요. 아이가 그 정도로 싫다고 할 때는 저는 그냥 안 해도 된다고 말합니다. 가끔 부모도 그럴 때 있잖아요. 아무것도 하기 싫은 날, 아이라고 없을까요. 습관이 망가질까 봐 억지로 시키는 경우도 종종 볼 수 있습니다만, 개인적으로 추천하지는 않습니다. 언젠가 부작용이 나타날 수 있기 때문입니다. 저도 비슷한 이유로 몇 번 시도해본 적이 있습니다. 며칠은 어떻게 끌고 갔는데, 아이가 어느 날 울고불고 "앞으로 절대 문제집 같은 건 안 풀 거야!"라고 선언하더군요. 그럼 방법이 있나요? 억지로 시키면 평생 공부를 안 하겠다는데 말입니다. 정말로 그건 최악의 결과이니, 제가 뒤로 물러서야지요. 대신 그럴 때마다 저는 이렇게 민요를 부르듯이 읊어주고 있습니다.

"하기 싫으면 어쩔 수 없지. 네 공부지 내 공부냐? 계산 못해서 공부 못하면 네 손해지 내 손해냐? 문제집 안 사면 나도 돈 굳고 좋다. 그냥 하지 마. 하기 싫으면 하지 마."

이렇게 이야기하니 조금 부끄럽기도 하고, 실제 뉘앙스가 어떻게 전달될지, 오해를 사는 건 아닐지 걱정되기도 합니다. 하지만 이 말이 신기하게도 성공률이 높습니다. "하지 마. 하지 마"라고 2번 말하면 "할 거야. 할 거야. 조금 이따가 한다고!"라는 답변이 돌아옵니다. 대부분 그날은 어떻게든 문제를 풉니다. 확실히 아이들은 청개구리 같은 구석이 있나 봅니다.

연산력이 아무리 중요하다고 해도 억지로 시켜서는 안 됩니다. 아이를 도와주고 싶은 부모 마음이야 충분히 공감합니다. '지금 약간만 더 하면 될 텐데… 너 좋자고 하는 건데… 안 하면 뒤처질 텐데…….' 하지만 이런 생각이 들어도 참는 게 좋습니다. 반항하는 마음은 둘째 치고 효과도 별로 없기 때문입니다. 자기가 원해서 하는 공부도 잘될까 말까인데, 하기 싫어 죽겠다는 마음으로 진도가 잘 나갈 리가요. 어떤 부모는 이런 고민을 털어놓기도 했습니다. 아들이 2시간 동안 수학 문제집 한 페이지를 붙들고 있는데, 그 모습을 볼 때마다 속이 터져 죽겠다고요. 왜 이런 일이 벌어졌을까요?

공부란 누가 애원하거나 강요해서 하는 게 아니라 '진짜 본인을 위해서 하는 것'이라는 메시지를 부모는 아이에게 끊임없이 전해야 합니다. 그러려면 절대 부모가 애원하거나 강요해서는 안 되겠지요. 아이에게 '이것을 풀면 효과가 있다. 이것을 안 풀면 부정적인 결과를 초래할 수 있다' 정도를 알려주는 것까지가 부모의 역할입니다. 그 이후는 아이의 선택에 맡기세요. 초등학생 정도면 자기가 뭘 하면 좋을지(뭘 하면 부모가 좋아할지) 판단할 수 있습니다.

물론 '문제집을 풀어야지…' 막연히 생각하는 것과 '공부를 지금당장 시작해야지!' 마음먹는 것은 전혀 다릅니다. 게다가 아직 어린 초등학생이 '자신의 미래를 위해서' 책상에 앉지는 않습니다. 아이가 스스로 공부를 시작하는 데까지 지켜보는 것은 상당한 부모의 인내심이 필요합니다. 하지만 답답하더라도 그 과정을 기다려줘야 합니다. '자기 의지로 책상에 앉는 습관', 그것이 부모가 만들어야 할 '진짜 공부 습관'이니까요.

---

1. 하루에 연산 문제집 1~2페이지를 꾸준히 풀게 한다

- 약 20문제, 소요 시간 10~20분 정도를 하루 목표로 잡는다.

2. 연산 연습을 재미있게 만드는 방법을 찾는다

- 문제집 풀이를 거부하는 날에는 게임하듯 흥미를 유발한다.
  (예) 구구단 게임(구구단을 외자~ 구구단을 외자~ 3×7은?)
  퀴즈 내기(14-2는?)

3. 아이를 책상에 부드럽게 앉힌다

- 과외 교사처럼 공부를 도와준다. (공부 시작을 함께한다.)
  (예) "우리 같이 몇 문제 풀어볼까? 35+16을 한번 해보자. 무

엇부터 해야 해?"

- 책상에 앉아 혼자 공부할 의욕이 생길 때까지 함께 문제를 풀고, 아이가 집중하기 시작하면 퇴장한다.
- 아이가 공부하는 동안 일을 한다. (사회적 압력을 이용한다.)
  (예) 아이를 책상에 앉힌 후 눈앞에서 집안일을 하거나 책을 읽는다.

4. 하기 싫다고 강하게 저항할 때는 뒤로 물러선다

- 공부는 '너의 과제'이니 스스로 선택하라는 메시지를 전한다.
- 공부하면 무엇이 좋고, 하지 않으면 무엇이 나쁜지 알려준 후 기다린다.
  (예) "수학 공부를 해서 좋은 건 바로 너야. 네가 공부를 한다면 네 실력이 늘고, 네가 공부를 안 한다면 네 실력이 나빠져. 그 결과는 모두 네가 책임지는 거다. 어떻게 할래? 지금 공부 안 하고 앞으로 계산을 자꾸 틀릴래, 아니면 지금 열심히 해서 수학 잘하는 사람이 될래?" (아이가 선택할 때까지 침묵하며 기다린다. 공부를 안 하겠다고 하더라도 일단 그 선택을 존중하고 물러난다.)

📖 초등 3~4학년 시기의 공부 목표

초등 3~4학년 시기의 공부 목표는 1~2학년 때와 대동소이합니다. 이 시기에도 문해력을 기르기 위한 독서와 연산력을 기르기 위한 연산 연습은 꾸준히 하는 게 좋습니다. 다른 점이 있다면 이 무렵부터 학교에서 '평가'가 시작된다는 것입니다. 학교의 방침이나 교사의 재량에 따라 차이가 있긴 하지만요. 쪽지 시험, 단원 평가, 수행 평가 등 다양한 이름의 시험이 등장합니다.

쪽지 시험과 단원 평가는 대략 어떻게 나오는지 예상할 수 있습니다. 이것은 부모가 예전에 봤던 중간고사, 기말고사를 범위만 좁힌 형태입니다. 작은 필기시험이라고 생각하면 됩니다.

176

수행 평가는 앞서 언급한 '필기시험'과 지금부터 이야기할 '발표형 시험'을 통틀어서 말합니다.

예를 들어 발표형 시험은 '지구와 관련된 자료를 활용하여 지구의 모양과 표면 모습을 설명하는 보고서 만들기(3학년 수행 평가)'와 같은 평가 방식을 말합니다. 집에서 지구와 관련된 사진이나 그림을 준비한 후, 교실에 들고 가서 1시간 동안 보고서를 작성하는 것이지요. 다른 형태로는 '리코더로 '비행기' 연주하기(3학년 수행 평가)'도 있습니다. 우리가 흔히 실기 시험이라고 불렀던 것입니다. 이 2가지 방식은 공통적으로 '집에서 무언가를 준비하여 학교에서 선보인다'라는 점에서 '발표형 시험'이라 묶을 수 있습니다.

초등 3학년부터는 이에 대비하는 연습이 필요합니다. 학교 시험을 처음 제대로 경험하는 시기이기 때문입니다. 이때 좋은 성적을 받으면 학교 공부에 대한 자기 효능감(self-efficacy)이 잘 형성되겠지요. '공부는 할 만하구나. 내가 잘하는구나. 앞으로도 잘할 수 있을 거야'라는 믿음 말입니다.

학업적 자기 효능감, 즉 '공부를 잘해낼 수 있을 것 같다'라는 믿음은 앞으로 공부를 더 열심히 하게 만드는 원동력이 됩니다. 예를 들어 반에서 20등 하던 아이가 무슨 이유인지 바짝 공부해서 5등을 해보면(성취), '와, 나도 하면 되는구나!' 자신감이 생겨(자기 효능감) 그 뒤로 열심히 공부하게 된다는 것이지요. 그럼 당연히 성적이 더 오르고(성취), 더 큰 자기 효능감이 생겨 더 열심히 공부하는 식으로 흘러간다는 겁니다.

이것은 사실 교육 심리학 분야에서 뿌리 깊게 자리 잡은 이론입니다. 1977년 미국의 심리학자 앨버트 반두라(Albert Bandura)가 자기 효능감이 인간의 행동 선택, 노력 기울이기, 지속하기에 중요한 영향을 미친다는 가설을 제시한 이후 꾸준히 연구되어왔지요. 그 결과 자기 효능감과 공부 의욕은 상당한 연관 관계가 있는 것으로 밝혀졌습니다. 자기 효능감이 높은 아이들은 그렇지 않은 아이들보다 더 많은 시간을 공부하고 수업에 더 적극적으로 참여하며, 그래서 좋은 성적을 받는다는 결과를 얻었습니다.

공부를 잘할 수 있다는 믿음(자기 효능감) → 공부를 잘하게 된다

쉽게 말해서 '공부를 잘할 수 있다'라는 믿음이 있으면 과제에 도전할 수 있고 성공할 때까지 열심히 노력한다는 것입니다. 그리하여 결국 과제를 잘해낼 가능성이 높아진다는 것이지요. 한편 자기 효능감은 '자신이 무엇을 성취한 경험'을 통해 형성됩니다.

공부를 잘해왔다 → 공부를 잘할 수 있다는 믿음(자기 효능감)이 생긴다

즉, 좋은 성적을 받으면 공부에 대한 자기 효능감이 생기고, 공부 의욕을 높여 앞으로도 좋은 성적을 받는 선순환의 고리에 들어서게 된다는 것입니다. 다음 그림처럼요.

따라서 이 시기에 공부를 잘해본 경험은 앞으로의 공부 인생에 큰 도움이 될 것입니다. 시험은 괴롭지만, 성취감을 느낄 수 있는 좋은 기회입니다. 시험에 잘 대비하기만 한다면 말입니다.

📖 국어 시험 대비법_ 지문 속에 답이 있다

필기시험은 기본적으로 부모가 본인의 초등 시절에 중간고사와 기말고사를 대비했듯이 문제집을 풀리며 준비하면 됩니다. 이때 문제집은 소위 '단원 평가' 학습지를 구비합니다. 시험 문제가 어떻게 나오는지 형식을 연습하기 위해서입니다. 수업 시간에 배우는 내용과 출제되는 문제 사이에는 다소 괴리가 있기 때문입니다. 내용을 다 알면서도 문제를 어떻게 풀어야 되는지 방법을 몰라 틀리는 상황을 방지하기 위한 목적입니다. 이처럼 수업 시간에 배운 내용을 익히고, 단원 평가 문제집을 풀어보고 답을 외우면 시험 준비는 사실상 다 한 셈입니다. 이 정도 준비하면 웬만한 학교의 시험 문제는 답을 맞힐 수 있습니다.

그런데 여기서 왠지 찜찜함을 느끼는 분들이 있을 것 같습니다. 특히 국어 과목에서요. 아이가 답을 쓰기는 하는데, '왜 이게 답이지? 다른 보기는 왜 오답이지?' 이렇게 확신할 수 없는 경우가 있기 때문입니다. 문제집에서 답이 그렇다니까 외우기는 하지만 '이렇게 무작정 외워도 될까?' 불안한 것이지요. 만약 풀어본 적 없는 새로운 문제가 나온다면 틀릴 수도 있다는 뜻이니까요.

사실 저도 고등학교 2학년을 마칠 때까지 국어는 '알 수 없는 과목'이라 생각했습니다. 다행히 내신 시험은 잘 봤습니다. 암기 과목을 공부하듯 수업 시간에 필기한 내용과 참고서를 달달 외우면 좋은 점수를 받을 수 있었습니다. 하지만 정작 제가 쓴 답이 왜 정답인지 모르겠는 경우가 왕왕 있었습니다. 객관적이지 않다고 해야 할까요? 국어는 수학이나 다른 암기 과목처럼 답이 딱 하나가 아니라는 생각에 혼란스러웠습니다. '왜 이 글의 주제가 형제간의 우애야? 권선징악은 안 돼? 그것도 가능할 것 같은데.'

다행히 고2 말에 좋은 선생님을 만나 국어 과목에 대한 개념이 완전히 바뀌게 되었습니다. 국어는 정말 객관적으로 접근해야 하더군요. 그 후로는 어떤 국어 시험이든 자신 있게 답을 쓸 수 있었습니다. 왜 정답이 하나일 수밖에 없는지 확실히 알게 되었거든요.

국어는 '주어진 지문 안에 답이 있냐 없냐'를 찾는 과목이었습니다. 보기에 나온 내용이 지문에 있으면 답이고, 지문에 없으면 답이 아니라는 것입니다. 예를 들어 "무지개는 12가지 색으로 이뤄져 있다"라는 보기가 있는데, 지문에 "무지개는 12가지 색으로 이뤄져 있다"라고 쓰어 있으면 이게 맞는 보기라는 뜻입니다. 우리의 상식이나 주관적인 판단으로 '무지개는 7가지 색인데?'라고 답을 고르지 않으면 틀린다는 것이지요. '지문에 답이 있냐 없냐'를 찾는 것이 문제를 푸는 핵심이라는 사실을 알면 국어 시험은 전혀 모호하게 느껴지지 않을 것입니다. 오히려 아주 쉬워지지요.

한번 다음 문제를 풀어보도록 하겠습니다. 먼저 문제부터 읽어보겠습니다. 보기까지 찬찬히 다 읽기를 권장합니다.

1. 조상들이 줄다리기 준비에 정성을 쏟았던 시기는 언제입니까?

    ① 추석 ② 설날 ③ 동지 ④ 하지 ⑤ 대보름

2. 줄다리기에 담긴 조상들의 지혜를 두 가지 고르시오.

    ① 마을에 남아도는 짚을 소비하려고 했다

    ② 봄기운이 시작되는 정월에 풍년을 기원했다

    ③ 아이들이 어른들의 지식을 배울 수 있게 했다

    ④ 어른들과 아이들이 어울려 즐길 수 있는 놀이 문화를 만들었다

    ⑤ 마을 사람들의 마음을 한데 모아 무사히 한 해 농사를 지으려고 했다

이 내용을 지문에서 확인만 하면 됩니다.

조상들은 대보름이면 모든 일을 제쳐 두고 줄다리기 준비에 정성을 쏟았어요. 그리고 마을 사람이 모두 함께 줄다리기를 했지요. (중략) 여기에는 봄기운이 시작되는 정월에 풍년을 기원하고, 줄다리기라는 큰 행사를 치르면서 마을 사람들이 마음을 한데 모아 무사히 한 해 농사를 지으려는 지혜가 담겨 있어요. 영산 줄다리기는 1969년에 국가 무형 문화재로 지정되었답니다.

그리고 나서 지문에 나온 대로 답을 고르면 됩니다. 참 쉽지요? 너무 쉬워서 이상하다는 느낌이 들 수도 있습니다. 하지만 이것이 진짜 국어 시험의 풀이 방법입니다. 앞선 시험 문제는 실제 학교에서 출제된 것입니다. 심지어 5학년 대상 문제입니다. 그 어렵다는 수능 언어 영역도 이렇게 풀면 됩니다. 아니, 꼭 이렇게 풀어야 합니다. 지문에 없는 보기는 아무리 상식적으로 맞는 말이더라도 답이 되지 않습니다. 예를 들어 '(줄다리기를 통해) 어른들과 아이들이 어울려 즐길 수 있는 놀이 문화를 만들었다'는 경험적으로 맞다고 생각할 수 있지만, 지문에 나오는 내용이 아니기에 답으로 쓰면 안 됩니다. 주제를 고를 때도 마찬가지입니다. '아이가 생각하는 주제'가 아니라 '글쓴이가 한 말'을 선택하라고 알려주세요. 아무리 매력적인 주장이라도 지문에 나와 있는 게 아니면 과감히 보기에서 지워야 한다고요. 이렇게 하면 웬만한 주제 찾기 문제는 어렵지 않게 풀 수 있습니다.

- 주제를 찾는 방법
 — 지문에 없는 보기는 지운다 → 남은 보기 중 가장 포괄적인 주장을 찾는다 → 답으로 쓴다

이렇게 가르쳐주면 됩니다. 흔히 글을 읽을 때 '생각을 해야 한

다', '행간을 읽어야 한다'라고 하지요. 그러나 시험 문제를 풀 때 만큼은 주관적인 판단을 최대한 배제하고 읽어야 합니다. 답이 될 수밖에 없는 확실한 근거를 지문에서 찾을 때까지 답을 선택해서 는 안 된다는 이야기입니다. 반대로, 나한테는 이상하게 느껴져도 지문에 쓰인 내용이라면 그게 또 답이라는 것이고요. '콩 심은 데 팥이 날 수도 있다'라고 글쓴이가 주장한다면 그대로 믿어야 한다 는 의미입니다. 글을 찬찬히 읽고 글의 내용을 토대로 사실과 그렇 지 않은 것을 고를 줄만 알면 국어 시험은 이제 걱정할 일이 없습니 다. 아이에게 꼭 알려주세요.

1. 필기시험 전에 시험 문제 푸는 방법을 연습시킨다

- 아이와 함께 서점에 가서 '단원 평가' 문제집을 고른다.
- 시험 약 일주일 전부터(상황에 따라 기간 조절 가능) 문제집을 풀며 출제 경향을 익히게 한다.

2. 국어 시험에 대한 개념을 심어준다

- 국어 시험은 '아이'의 생각이 아닌, '글쓴이'의 생각을 찾는 것 이 핵심임을 알려준다.
- 지문에 보기의 문장이 있는지 없는지 확인하게 한다.
- 아무리 (상식적으로) 맞는 말이더라도 지문에 쓰여 있지 않으

면 답이 아니라는 사실을 알려준다.

(예) '환경을 보호하기 위해 재활용을 해야 한다'라는 옳은 말
도 지문에 없으면 답지에서 지워야 한다.

- 아무리 (상식적으로) 틀린 말이더라도 지문에 쓰여 있으면 답
이라는 사실을 알려준다.

(예) 글쓴이가 '팥으로 메주를 쑨다'라고 해도 지문에 있으면
답으로 골라야 한다.

💡 수학 시험 대비법_ 문제집으로 시작해 교과서로 끝낸다

수학 시험은 시험 일주일 정도 전부터 단원 평가 문제집을 풀고, 시험 직전에 수학 및 수학 익힘 교과서를 마지막으로 훑어보는 식으로 준비하면 됩니다. 물론 문제집의 양, 푸는 속도 등에 따라 개인차가 있겠지만요.

단원 평가 학습지 풀이(시험 7~9일 전) → 수학과 수학 익힘 교과서 읽기
(시험 1~2일 전)

이렇게 스케줄을 짜면 됩니다. 단원 평가 문제집은 되도록 한 권만 구비하면 됩니다. 교과서 내용이 충실히 있고, 이상한 문제가

없는 문제집 한 권을 고르면 됩니다. 여기서 이상한 문제란 아이 수준에 너무 어렵거나 답이 여러 개인 것을 말합니다. 즉, 다음과 같은 순서에 따라 골라주세요.

① 문제집을 고르기 전 아이 교과서(수학, 수학 익힘)를 한번 훑어봅니다

② 아이와 함께 서점에 갑니다

③ 다음 기준을 모두 만족하는 문제집을 선택합니다

— 문제의 지문이 파악하기 쉽고 명확한가?

→ 지문 해석이 어려운 문제가 많다면 선택하지 마세요.

— 교과서의 내용을 모두 다루고 있는가?

— 교과서 범위 밖 응용문제가 10% 이하인가?

→ 고난이도 문제(아이 연령보다 고학년이 풀면 좋은 문제)가 많다면 선택하지 마세요.

— 아이가 풀고 싶어 하는가?

→ 아이가 원하는 문제집으로 선택하세요.

한 권이면 혹시 적지 않나 싶을 수도 있는데, 그럴 수도 있습니다. 문제집 한 권 끝낸다고 시험에서 100점을 보장할 수는 없습니다. 그러나 크게 신경 쓸 필요는 없습니다. 일단 지금은 예행 연습이라는 사실을 잊지 마세요. 다시 한번 강조하지만 본격적인 게임

은 중학교 이후부터입니다. 한두 문제 맞느냐 틀리느냐 연연할 때가 아닙니다. '시험 문제는 이런 식으로 나온다'라는 것을 익히면 되는 시기입니다. 혹시 만점을 목표로 하더라도 그것은 한 문제집을 두세 번 반복하는 것으로 해결할 과제입니다. 두세 종류의 문제집을 한 번씩 보는 것이 아니라요. 저는 고3 때도 과목당 주 문제집 한 권을 수능 날까지 반복했습니다.

새로운 문제집을 2권 푸는 것과 이미 풀어본 문제집을 다시 보는 것, 어느 게 더 효율적일까요? 답은 후자일 것입니다. 아무래도 읽어본 걸 다시 읽는 게 훨씬 쉽기 때문입니다. 아이가 이미 잘 아는 내용은 건너뛰고 모르는 것만 집중적으로 공부할 수 있습니다.

혹시 '이 문제집에는 안 나오는 게 다른 문제집에선 나올 수도 있으니, 100점을 받으려면 다른 것도 풀어야 하지 않을까?' 싶어 불안하다면 그래도 됩니다. 실제로 그럴 가능성도 없지는 않기 때문입니다. 그러나 한 문제집에 없는 내용이 다른 문제집에만 있을 확률은 매우 드뭅니다. 문제집이 시중에 나온 지 몇십 년은 되었을 겁니다. 매년 개정하는데 빼먹은 게 있을까요? 학교에서 가르치는 내용은 예나 지금이나 그대로인데요. 거의 똑같은 걸 하나 더 살 이유가 있을까요? 오히려 새로운 내용을 넣는답시고 이상하게 꼬아놓은 문제집은 피해야 합니다. 오히려 아이한테 혼란만 줍니다. 요즘 사고력 수학이니 뭐니 강조하다 보니 그런 문제집들이 실제로 많아 주의가 필요합니다. 다음은 초등 3학년 수학 문제집의 일부를 발췌한 내용입니다.

• 대화를 읽고 영희가 만나자고 한 시각을 구하세요.

철수: 영희야, 오늘 방과 후 수업이 4시에 시작되는 거 알지?
영희: 응. 그럼 시계의 긴 바늘이 12를 가리키고 긴 바늘과 짧은 바늘이
　　　직각이 될 때 만나자.

문제를 보니 어떤가요? 초등 3학년이 쉽게 풀 수 있을까요? 심지어 이 문제는 놀랍게도 시계 보기가 아닌 평면도형 단원에서 나왔습니다. 사실 교과서는 해당 단원에서 실제로 다음과 같은 내용을 다룹니다.

• 선분, 직선, 반직선의 정의
• 각, 꼭짓점, 변의 정의, '각'을 읽는 방법(각 ㄱㄴㄷ 또는 각 ㄷㄴㄱ)
• 직각, 직각삼각형, 직사각형, 정사각형의 정의

이러한 내용을 잘 배웠는지 확인하기 위해 적절한 문제를 낸다면 다음과 같을 것입니다.

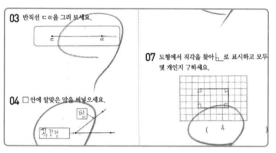

초등 3학년 수학 평면도형 단원의 평가 문제

　이런 문제가 정확히 '배운 내용'을 묻는 것입니다. 평면도형 단원
에서는 이것만 알고 지나가면 된다는 말입니다. 그런데 왜 '시계의
긴 바늘이 12를 가리키고 긴 바늘과 짧은 바늘이 이루는 각이 직각
일 때가 몇 시냐'라고 묻는 것일까요? 시각을 읽는 것조차 버벅거
리는 아이들에게요. 문장 자체도 길고 어렵습니다. 이 문제를 채점
할 때, 저도 무슨 소리인지 여러 번 읽어봤습니다.

　그래서 이 문제의 답은 뭘까요? 시계의 긴 바늘이 12를 가리키
고 긴 바늘과 짧은 바늘이 직각일 때, 그때가 몇 시일까요? 별로 기
대도 안 했는데, 아이가 기특하게 '9시?'라고 썼더군요. 하지만 안
타깝게도 틀렸습니다. 한 단계를 더 생각해야 하더라고요. 답에는
'3시'라고 쓰여 있었습니다. 다시 문제를 살펴보겠습니다.

　철수: 영희야, 오늘 방과 후 수업이 4시에 시작되는 거 알지?

영희:응. 그럼 시계의 긴 바늘이 12를 가리키고 긴 바늘과 짧은 바늘이 직
각이 될 때 만나자.

수업이 4시이므로 3시에 만나야 자연스럽다는 것이지요. 평면
도형 문제를 푸는데 대체 몇 단계를 생각해야 하는 건지, 어른 중에
도 틀리는 사람이 꽤 있지 않을까 싶었습니다. 그런데 왜 9시는 안
될까요? 대화하는 시점이 3시 50분일 수도 있잖아요. 그래서 수업
끝나고 여유 있는 시간에 만나자는 이야기면? 수업 전이라고 어디
나와 있나요? 즉, 이 문제는 답이 2개인 이상한 문제입니다.

이렇게 이상한 문제는 부모 선에서 쳐내주세요. "이 문제 별로
네. 안 풀어도 돼"라고, 아이가 혼란스럽지 않게 말입니다. '이런 문
제도 풀 수 있어야 해? 어떡해!' 하며 당황하지 말고요. 당장 단원
평가에서도 함정 문제(교과서 밖 응용문제, 지문 해석이 어려운 문제 등)
는 틀려도 괜찮습니다. 그게 아이의 진짜 실력과는 상관없을뿐더
러, 대학 입시에서 내신 성적으로 반영되지도 않습니다. 불안해할
필요가 없습니다. 사고력을 요구한다는 색다른 문제집에 현혹되지
마세요.

부모가 해야 할 일은 기본에 충실한 문제집 단 한 권을 고르는 것
뿐입니다. 그리고 그것을 문제집이 정해준 1회 분량씩(보통 20문제)
풀리면 됩니다. 더 시킬 필요도 없습니다. 한 번 풀려서 부족하면

틀린 문제만 다시 반복하면 됩니다. 그럼 초등 3~4학년 수준의 수학 시험 대비는 거의 다 한 셈입니다.

이제 남은 건 시험 범위의 교과서 내용을 처음부터 끝까지 훑어보는 단계입니다. "왜 교과서로 정리해요? 교과서 문제는 너무 쉽잖아요"라고 의문을 제기하는 분도 있을 겁니다. 그런데 아이에게는 생각보다 교과서의 기본 문제를 틀리는 상황이 자주 발생합니다. 문제집의 어려운 응용문제에 집중하느라 교과서는 펴보지도 않고 시험장에 들어가는 바람에요. 이 단계는 이런 어처구니없는 실수를 방지하기 위함입니다.

시험은 기본적으로 '교과서를 토대로 출제'됩니다. 시험 전날 교과서의 '모든 부분'을 찬찬히 읽고 가도록 지도해주세요. 아무리 쉬운 내용이라도 말입니다. 그러다 보면 생각지도 못한 구멍이 발견되기도 합니다. 이 부분을 메워주세요. 이때 부모가 도와주면 좋습니다. 이 시기의 아이들은 혼자 공부에 익숙하지 않으므로 대충 건너뛰며 지나갈 수 있기 때문입니다. 일일 과외 선생님이 된 것처럼 하나씩 짚어주세요. 기본 개념을 함께 읽고, 문제 풀이 방법을 설명해주고, 중간중간 문제를 풀게 하세요. 시험 전날 저녁 두세 시간만 투자하면 됩니다.

이렇게 준비를 했는데도 막상 좋은 점수를 받지 못하는 경우가 생깁니다. 수학을 몰라서가 아니라 문제를 잘못 읽어서요. 다음은 초등 3학년 수학 단원 평가 문제집에 출제된 평면도형 문제입니다.

• 아래 모양의 종이를 선을 따라 모두 잘랐습니다. 직사각형은 모두 몇 개
  일까요?

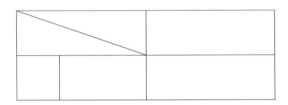

① 4개 ② 6개 ③ 8개 ④ 10개 ⑤ 12개

제 아이는 8개라고 썼습니다. 혹시 '⑤ 12개'라고 생각한 분 있
나요? 반갑습니다. 저도 같은 오답을 골랐습니다. 이 문제의 정답
은 '① 4개'입니다. 얼핏 봐도 직사각형은 4개가 넘을 것 같은데 답
이 4개인 이유는 이 문장 때문입니다. "아래 모양의 종이를 <u>선을 따</u>
<u>라 모두 잘랐습니다.</u>" 모두 잘라버려서 따로따로 떨어졌기 때문에
다음 그림처럼 4개만 직사각형이 됩니다.

정답을 알고 보면 허탈할 수도 있습니다. 저는 문제를 틀리고 나니 솔직히 짜증이 나더군요. 기껏 학습 목표에 따라 '직사각형의 정의'를 열심히 공부했는데도 이런 문제를 틀리면 수학이라는 과목 자체가 싫어질 것 같았습니다. 그래도 어쩌겠습니까. 문제에서 하라는 대로 꼼꼼히 읽고 풀어야지요. 이처럼 수학 문제를 허탈하게 틀리지 않으려면 지문을 아주 잘 읽어야 합니다. 연필을 들고 무엇을 묻는지 밑줄을 그어가며 확인하라고 아이에게 안내해주세요. 다음과 같이요.

• 바르게 계산하면 얼마인지 풀이 과정을 쓰고 답을 구하시오.

영희가 구슬을 순이, 철수, 영수에게 각각 17개씩 나누어 주었습니다. 영희가 순이와 철수에게 나누어 준 구슬은 모두 몇 개인지 풀이 과정을 쓰고 답을 구하시오.

꼭 복잡한 문제가 아니더라도 이 과정은 시험 볼 때 반드시 해야 한다고 강조해주세요. 아이들은 충동적으로 문제를 읽다가 말고 다 이해했다고 생각한 채 마구 풀기 시작할 때가 있거든요. 이를테면 틀린 보기를 골라야 하는데 '맞는' 답에 동그라미를 친다든지, "모두 쓰세요" 했는데 정답 하나만 쓰고 뒤에 있는 보기는 쳐다도 안 본다든지요. 이런 사태를 방지하려면 모든 문제를 차분히 파악하도록 연습을 시켜주면 좋습니다.

또 같은 문제를, 다 알 것 같더라도 최소 2번씩, 중요한 단어에 밑줄을 그어가며 읽도록 안내해주세요. 앞서 나온 직사각형 개수 문제도 '선을 따라 모두 잘랐습니다'라는 내용을 한번 쓱 보면 놓치기 쉽잖아요. 2번 읽으면 그것을 발견할 확률이 올라가고, 밑줄까지 그으면 '어? 이거 주의해야겠다'라고 한 번 더 생각할 수 있을 겁니다.

'문제를 꼼꼼히 1번 읽기'보다 '문제를 2번 밑줄 그어가며 읽기!'

이렇게 문제의 지문을 빈틈없이 읽을 수 있으면 이제 진짜 수학 시험 대비는 끝입니다. 그런데 이런 과정이 가능하려면 기본적으로 '문해력'이 필요합니다. 또 빠른 '연산력'도 필수입니다. 연산이 느리면 문제를 차분히 읽을 시간이 부족해지기 때문입니다. 앞에서 독서와 연산 연습을 그토록 강조한 이유입니다.

반대로 아이가 수학 시험에서 문제를 자꾸 틀린다면 문해력이나 연산력이 부족한지 한번 살펴보세요. 당황해서 무작정 새로운 문제 유형을 풀어보는 데만 집중하면, 혹은 문제집을 여러 권 풀거나 출제 경향에 맞춰 콕콕 찍어주는 학원에 다니면 중학교에 가서 큰

일 납니다. 물론 많은 문제 유형을 익히면 당장 점수는 잘 나올 수 있습니다. 그까짓 거 외우면 되거든요. 하지만 문해력과 연산력에서 구멍 난 부분은 메워지지 않아 결국 발목을 잡게 됩니다. 독서와 연산 연습은 이 시기에도 여전히 가장 중요한 과제입니다. 평소에 독서와 연산 연습을 꾸준히 하고, 단원 평가 문제집으로 출제 경향을 확인하며, 시험 직전 교과서 훑어보기와 시험장에서 차분히 문제 읽는 연습까지 한다면 수학 시험도 이제 걱정 없습니다.

1. 기본에 충실한 문제집을 고른다

- 서점에 가기 전, 교과서를 훑어봐 아이에게 적합한 문제 수준을 파악한다.
- 교과서 밖 응용문제가 10% 이하, 지문이 짧고 명확한 문제집으로 고른다.
- 색다른 문제(고난이도 문제)에 현혹되지 않는다.
- 아이가 풀고 싶어 하는지 확인한 후 최종 선택한다.

2. 문제집은 한 권만 구비한다

- 시험 약 일주일 전부터 문제집에서 제시하는 하루 분량(보통 20문제)씩 풀게 한다.
- 여러 권의 문제집을 한 번씩 보는 것보다는 틀린 문제를 중심으로 같은 문제집을 반복해서 보는 것이 효율적이다.

3. 시험 직전에는 교과서로 마무리한다

- 시험 전날, 1일 과외 교사처럼 교과서 내용을 처음부터 끝까지 함께 훑어준다.
- 아무리 쉬운 내용이라도 교과서의 기본 개념을 아이에게 한 번씩 읽게 한다.
- 수학과 수학 익힘에 나오는 문제를 유형별로 한 문제씩은 풀어보게 한다.
  (예) 23×30, 45×20, 15×40 이렇게 3문제가 있다면 그중 하나는 풀어보게 한다.

4. 시험 문제를 완전히 파악하는 연습을 시킨다

- 모든 문제를 풀 때 밑줄을 그어가며 꼼꼼히 읽게 한다.
- 쉬운 문제라도 2번씩 반복해서 읽게 한다.

5. 문해력과 연산력을 꾸준히 길러준다

- 정확한 문제 해석 능력을 키우기 위해 평소에 독서를 꾸준히 하도록 격려한다.
- 정확하고 빠른 연산력을 만들기 위해 하루에 20문제씩 꼭 풀게 한다.

📖 발표형 시험 대비법_ 모범 답안을 만들어 예행 연습한다

발표형 시험은 사실 부모 세대에게는 낯선 평가 방식입니다. 부모는 기껏해야 가창 시험, 리코더 불기 등 소위 '실기 시험'만 경험해봤기 때문입니다. 그래서 어느 날 느닷없이 '옛날과 오늘날 교통수단의 변화로 달라진 사람들의 생활 모습', '배추흰나비 한살이를 글과 그림으로 표현하기' 등을 수행 평가로 한다는 알림장이 날아오면 당황하게 됩니다. 어떤 때는 '우리 동네 문화유산 소개 신문 만들기'를 평가한다고 하는데, 대체 무엇을 시험 본다는 것인지 감을 잡기가 어렵습니다. 그래서 아이에게 "이거 어떻게 하는 거라고 들었어?"라고 물어보면 십중팔구 "나도 모르는데? 준비물 ○○만 가져오란 얘기는 들었어"라는 답이 돌아옵니다. 하지만 준비물만 챙겨가서는 부족할 게 분명합니다. 평소 수업이면 그래도 되지만, 이것은 나름대로 '시험'이잖아요. 이왕 하는 거 본인의 기량을 다 펼치고 오면 좋습니다. 그러려면 따로 대비를 해야겠지요. 음악 실기 시험을 보기 위해 집에서 리코더 연습을 하는 것처럼요.

일단 먼저 어떤 내용을 연습해야 하는지 알아야 합니다. 전혀 엉뚱한 방향으로 준비하면 헛수고이기 때문입니다. 그럴 때는 교과서의 관련 페이지를 찾아보면 됩니다. 그 부분을 참고해 준비하도록 알려주세요. 예를 들어 '옛날과 오늘날 교통수단의 변화로 달라진 사람들의 생활 모습'은 3학년 1학기 사회 교과서에 잘 요약된 페이지가 있습니다.

- 사람들이 먼 곳으로 빠르고 편리하게 갈 수 있음
- 예전에는 가기 어려웠던 곳을 편리하게 갈 수 있음
- 무거운 짐을 한 번에 먼 곳까지 옮길 수 있음
- 교통수단이 발달하면서 사람들이 하는 일이 다양해짐

이 같은 내용을 아이가 안 보고 말할 수 있게, 또는 쓸 수 있게 연습시키면 됩니다. 외우는 방법은 각자의 노하우가 있겠지만, 저는 기본적으로 반복해서 보는 방법을 사용하고 있습니다. 일단 아이에게 모범 답안을 2번 반복해서 읽도록 합니다. 그러고 나서 말해보도록, 혹은 써보도록(상황에 따라 적합한 방법을 선택) 합니다. 이미 답할 수 있는 문장은 제외하고 답하지 못하는 문장은 다시 반복해서 읽게 합니다. 그런 다음 틀렸던 부분만 다시 말하거나 써보도록 합니다. 부족한 부분이 완성될 때까지 이 과정을 반복합니다. 마지막으로 시험 보듯 전체 답안을 써보게 하고 마칩니다.

만약 '옛날과 오늘날 교통수단의 변화로 달라진 사람들의 생활 모습'을 준비한다면, 앞서 이야기한 4개의 문장을 2번씩 꼼꼼히 읽고 아이에게 말해보라고 합니다. 여기서 만약 아이가 모두 잘 말했다면 그것으로 끝내면 되고, 만약 반만 잘 말하고 나머지 반은 답하지 못했다면 그 부분만 따로 읽고 다시 테스트를 합니다. 이때 만약 한 문장을 여전히 답하지 못한다면 다시 그 문장만 읽고 테스트를 합니다. 그래서 남은 한 문장도 잘 대답할 수 있게 되면, 마지막으로 전체를 말해보도록 합니다. 모두 잘 말할 수 있으면 수고했다 격려해주고 마칩니다.

머리로 막연히 아는 것과 현장에서 쓸 수 있는 것은 분명한 차이가 있습니다. 직접 입으로 말해보고, 직접 손으로 써봐야 자기가 '뭘 못하는지' 깨닫게 됩니다. 그 부족한 부분을 보충하는 과정이 필요합니다. 더 보기 좋게 수정할 수도 있고요. 그럼 진짜 시험 준비 끝입니다. '배추흰나비 한살이를 글과 그림으로 표현하기', '우리 동네 문화유산 소개 신문 만들기'도 마찬가지로 준비하면 됩니다. 교과서나 수업 시간에 쓰는 교재를 참고해서 어떻게 답안을 쓸지 먼저 파악합니다. 그리고 나서 아이가 실제 시험을 보듯 예행 연습하도록 도와주세요. 이렇게 대비하면 발표형 시험도 걱정 없습니다.

다만 한 가지 주의할 점이 있다면 이러한 과정을 절대 밀어붙여서는 안 된다는 것입니다. 도와주고 싶은 마음에, 아이가 하기 싫다는데도 억지로 시키지 마세요. 거듭 강조하지만, 이 시기의 아이들은 아직 좋은 성적을 받으면 구체적으로 뭐가 좋은지 잘 모릅니다.

그래서 부모가 왜 자꾸 지루한 걸 시키는지 이해하지 못합니다. 무조건 뒤에서 지원해준다는 마음으로 접근해야 합니다. "내일 수행평가라며, 뭘 본대? 엄마(아빠)가 도와줄까?" 친한 친구처럼 가볍게 말입니다. 뭘 준비해야 하는지 함께 찾아보고, 리허설의 관객이 되어주면 됩니다.

만약 도움을 거부한다면 그때는 뒤로 물러서야 합니다. "시험을 준비하면 훨씬 좋은 결과를 얻을 수 있어. 아니면 막상 당황해서 답을 제대로 못 쓸 수 있거든. 혹시 나중에라도 도움이 필요하면 언제든 요청해." 이 정도만 알려주고 더 이상 권하지 마세요. 그래도 괜찮습니다. '미래를 위해서 공부를 열심히 해야겠다!'라는 생각이 들려면 최소한 중학생은 되어야 합니다. 공부를 많이 하기로 유명한 공자(孔子)조차 15살에 비로소 지학(志學), 즉 학문에 뜻을 뒀다고 했습니다. 그때까지는 아무리 앞에서 끌어봤자 힘만 듭니다. 억지로 시키면 아이가 공부를, 또 부모를 싫어하게 될 수도 있고요. 게다가 솔직히 말해서 초등학교 성적은 대학 입시에도 반영이 안 되잖아요. 무리할 이유가 전혀 없습니다.

1. 발표형 시험 전날, 다음 날 볼 시험을 미리 연습시킨다

- 알림장에서 수행 평가 문제를 확인한 후 교과서에서 모범 답안을 찾는다.
  - (예) 배추흰나비의 한살이 그리기
    - → 과학 교과서의 해당 범위를 살펴본 후 답안으로 쓰기 적합한 페이지 찾기
    - → '배추흰나비의 한살이' 답안 작성
- 답안을 반복해 보면서 외우도록 한다.
- 셀프 모의고사를 통해 확실히 알고 있지 않은 부분을 찾고, 완벽해질 때까지 보완한다.
  - (예) 셀프 모의고사에서 답하지 못하는 문장이 있다면 완전히 답할 수 있을 때까지, 틀린 문장만 외우고 테스트하기를 반복한다.
- 마지막으로 전체 범위를 점검한 후 마친다.

2. 만약 아이가 연습을 거부한다면 뒤로 물러선다

- 부모는 아이의 공부를 도와주는 친구이자 선배라고 생각하고 행동한다.
  - (예) 차분하게 공부를 격려하기(O)
    객관적으로 시험을 준비하면 좋은 이유와 하지 않으면 생길 결과 설명하기(O)
    언제든 요청하면 도와줄 것임을 알리기(O)
    공부하지 않는다는 이유로 화내기(X)

초등 5~6학년, 공부 독립을 준비하는 시기

📖 초등 5~6학년 시기의 공부 목표

초등 5~6학년쯤 되면 당연히 학원에 다녀야 한다고 생각하는 부모가 많습니다. 갈수록 어려워지는 수업을 따라가기 위해서, 또는 중학교 과정을 미리 살펴보고 가기 위해서 말입니다. 충분히 이해합니다. 5학년은 수포자가 대거 양산되는 시기로 악명이 높으니까요. 중학교 과정을 미리 대비하고 싶은 그 마음, 잘 압니다. 그러나 저는 중학교에 진학하기 전까지는 되도록 학원에 보내지 않고 아이 혼자 공부하는 습관을 들여야 한다고 생각합니다.

미리 밝혀두자면, 저는 사교육 무용론자는 아닙니다. 학원은 잘 활용만 한다면 좋은 학습 도구입니다. 그러나 최대한 늦게 시작하고, 최소한으로 보내야 좋습니다. 왜냐하면 일단 학원에 한번 보내기 시작하면 끊기가 쉽지 않기 때문입니다. 혼자서 공부하는 게 숟가락과 젓가락질을 하며 밥을 먹는 거라면 학원은 떠먹여주는 곳이거든요. 혼자서 공부하는 것은 교과서나 문제집에 수록된 글을 읽고 스스로 해석하는 과정을 필요로 합니다. 무엇이 중요한지, 어떤 부분을 외워야 하는지 스스로 파악해야 하지요. 반면에 학원은 그 과정을 강사가 대신해줍니다. 강사가 글을 읽고 해석해서 이해하기 쉽게 다듬어 친절하게 설명해줍니다. 어떤 식으로 문제가 나오는지 콕콕 찍어주고, 뭘 어떻게 외워야 하는지도 노래까지 만들어가며 대령합니다.

그래서 처음에는 학원에 다니면 굉장히 효율적으로 공부한다는 느낌이 듭니다. 머리 아프게 생각할 필요 없이 강사가 쏙쏙 알맹이를 던져주기 때문입니다. 하지만 그 맛에 중독되어 오랜 시간이 지나면 혼자서 공부하는 능력을 잃어버립니다. 딱딱한 글과 그래프를 읽어내려 하지 않습니다. 하려고 해도 하지 못하는 지경이 됩니다. 공부 내용이 점차 어려워지기 때문이지요. 이런 식으로 많은 아이들이 결국 학원에 의존하게 됩니다. 문제는 해가 갈수록 학원에 다니는 방법이 혼자서 공부하는 방법보다 시간이 많이 걸린다는 것입니다. 공부량이 늘어나면 필요한 강의 시간도 비례해서 늘어나기 때문입니다.

중고등학교에 가면 같은 수업 시간에 선생님이 내뿜는 지식의 양이 초등학교 시절의 몇 배입니다. 학원은 '잘 설명해주는 곳'이기에 강의 속도를 올리기는 힘듭니다. 학교에서 3배를 가르치면 학원에서의 소요 시간도 3배로 늘어납니다. 오디오북을 1권 들을 때와 3권 들을 때를 생각해보면 됩니다. 아무리 빠른 속도로 올려도 한계가 있습니다. 결국 학년이 올라갈수록 학원 스케줄로 저녁 시간이 빽빽하게 들어차는 일이 벌어집니다. 반면에 혼자서 공부하는 방법은 교재를 읽고 이해하는 과정을 스스로 하는 것이므로 공부량이 늘어도 소요 시간이 비례해서 증가하지 않습니다. 뇌는 사용할수록 기능이 좋아지기 때문입니다.

여러분도 아마 경험한 적이 있을 겁니다. 처음 사회생활을 시작했을 때를 돌이켜 보세요. 낯선 문서, 보고서, 프레젠테이션 등이 하나도 머리에 들어오지 않았던 적이 있을 것입니다. 오랜 시간 노려보고 반복해서 읽어도 무슨 소리인지 파악이 안 되어 답답한 시절을 겪었을 테지요. 하지만 1년쯤 지나면 어떻습니까? 한 번만 쓱봐도 대충 내용이 파악되지 않던가요? 우리의 뇌는 같은 행위를 반복할수록 달인이 됩니다. 정보 처리 속도가 빨라집니다. 따라서 처음에는 더뎌 보이고 에너지가 많이 들어도 아이 혼자 공부하도록 격려해주기를 바랍니다. 그래야 나중에 편히 공부할 수 있습니다.

학원 강의와 혼자 공부의 비교

	학원 강의	혼자 공부
초반 공부 소요 시간	짧다	길다
후반 공부 소요 시간	길다 (공부량이 늘어나면 비례해서 시간이 증가함)	짧다 (공부량이 늘어나도 비례해서 시간이 증가하지 않음)

아이가 문제집을 풀다 무슨 소리인지 잘 모르겠다고 무작정 달려오면 지문이나 단원 설명을 다시 한번 찬찬히 읽도록 안내해주세요. 스스로 읽고 이해하기 귀찮아서 그런 경우도 많거든요. 다시 읽어도 어려워하는 부분만 살짝 설명해주세요. 초등학교 때는 그렇게 하면 됩니다.

지금은 '혼자서 공부하는 법'을 연습할 중요한 시기입니다. 어쩌면 마지막 시기일지도 모르지요. 중학교 가면 교과서가 어렵다며 난리도 아닙니다. 그때 차분히 책상에 앉아 홀로 공부할 시간이 있을까요? 불가능한 것은 아니지만 마음이 조급해서 힘들겠지요. 더 어려워지기 전에, 아이 혼자 읽어낼 수 있을 때 충분히 혼자 공부할 능력을 길러주세요.

다시 한번 강조합니다. 공부 기본기에 집중할 수 있는 마지막 기회입니다. 문해력, 연산력, 체력 키우기를 놓치지 마세요. '남들은

학원 가서 중학교 과정 공부할 시간에 책이나 읽고 있어도 되나?'
라고 걱정하지 말고 계속 독서를 격려해주세요. 3~4학년이 읽는
책 수준과 5~6학년이 읽는 책 수준은 차이가 있습니다. '단순 계산,
더 이상 할 필요가 있을까?' 싶어도 하루에 꾸준히 20문제씩 풀게
해주세요. 연산이 완벽하면 남들보다 수학 공부하는 시간이 훨씬
적게 듭니다. '지금 충분히 체력 좋은데?'라고 마구 써버리지 말고
아이의 저녁 시간과 주말을 비워두세요. 틈만 나면 밖에서 뛰어놀
게 하고 아이와 함께 걸으세요. 결국 공부는 엉덩이로 하는 것입니
다. 몇 년이 지나면 절실히 깨닫게 되겠지요. 남들보다 뒤처지는 것
같아 답답해도 기본기에 집중하길 잘했다는 것을요.

📖 학원의 선택과 200% 활용법

개인적으로 초등학교를 졸업할 때까지는 교과 학습, 즉 공부에
도움을 받기 위해 학원을 반드시 다녀야 할 이유는 없다고 생각합
니다. 하지만 아이가 지금 학원에 다니고 있거나, 보내야 하나 말아
야 하나 진지하게 고민 중인 분들이 있을 것 같아 이 주제를 먼저
다루도록 하겠습니다.

혹시 지금 당장 학원을 보내야겠다고 생각했다면 그 전에 먼저
'아이 혼자서는 도저히 공부하기 어려운 부분'이 무엇인지 확실하

게 찾아내야 합니다. 남들이 좋다니까 일단 보내고, 5학년부터 국영수는 무조건 따로 해야 한다니까 보내고, 이러지 말고요. 정말 비효율적인 방법입니다. 이렇게 글로 쓰면 공자가 했던 말처럼 당연해 보이는데, 막상 현실에서는 흔들리지 않을 수가 없습니다. 옆집 아이가 수학 학원에 다닌다는 이야기를 들으면 검색창에 '초등 5학년 수학 학원'을 입력하게 되는 게, "어느 학원이야? 다녀보니 어때? 괜찮아? 우리 애도 보내야 하나?"라고 묻게 되는 게, 바로 부모 마음이거든요. 저도 잘 압니다. 하지만 급하게 결정하지 마세요. 아이에게 학원이 진짜 필요한지 진지하게 고민하고 선택해도 늦지 않습니다.

저는 중학교 때부터 학원에 다니기 시작했는데, 장기간 다녔던 학원은 영어(6년)와 수학(3년)뿐이었습니다. 영어는 전치사, 관계대명사, 과거 분사가 어떻고, 단어도 모르는 것투성이에, 해석 못하는 문장도 수두룩해서, 혼자 공부하기보다는 학원에서 배우는 게 여러모로 효율적이었기에 계속 다녔습니다. 나머지는 필요할 때만 주로 다녔습니다. 고등학교 때 물리와 화학(단기간), 수능 언어 영역 문제 풀이 방법(2개월), 논술 시험 대비(1개월) 정도가 기억납니다. 학원에 잘 다니다가도 당장 공부에 도움이 되지 않는다고 생각하면 바로 그만두기도 했습니다. 이런 식으로 학원에서 보내는 시간을 최소화했습니다. 그만큼 혼자 공부할 시간을 많이 확보할 수 있었지요. 덕분에 시험에서 좋은 점수를 얻을 수 있었습니다. 역설적으로 들리겠지만, 학원에 적게 다닐수록 공부를 잘하게 될 가능성이 올라간다는 이야기입니다.

꽤 많은 부모들이 학원에 보내면 공부가 저절로 된다고 믿거나, 믿고 싶은 마음에 소위 '뺑뺑이'를 돌립니다. 오히려 학원에 다니지 않으면 큰일 난다고 생각하는 분도 여럿 봤습니다. 하지만 학원에서 강의를 듣는 것은 강사의 공연을 관람하는 것과 마찬가지입니다. 강사가 설명해주는 걸 보고 듣다 보면 그 내용이 저절로 익혀질 것만 같습니다. 하지만 학원 밖으로 나와 아이 혼자 문제를 풀어보면 시작부터 막힙니다. 스스로 반복해서 읽고 외운 적이 없었으니 당연한 일입니다. 학원에서 수업을 들을 때면 아이가 다 아는 것 같아도 그만큼 성적이 나오지 않는 것은 이 현상 때문입니다. 학원으로 효과를 보려면 학원에서 배운 노하우를 아이가 따로 익히고 반복하고 외우는 과정이 추가로 필요합니다. 그렇지 않으면 백날 가도 소용이 없습니다. 하지만 실제로 대부분의 아이들은 '학원 다녀오면 공부 끝!'으로 더 이상 안 합니다. 그러니 성적을 잘 받을 수가 없지요.

부모들은 속이 탑니다. 비싼 학원비를 내고 보내는데도 시험에 실패하니까요. 그리고 아이를 원망합니다. "내가 이렇게까지 너를 뒷바라지하는데, 넌 왜 열심히 안 하니!"라고요. 하지만 아이 입장에서는 억울한 일입니다. 학원에 다니는 것만으로도 이미 지치는 걸요. 아이의 하루 스케줄을 살펴보면, 아침 8시부터 준비해서 학교에 갔다가 낮 3~4시에 집에 옵니다. 그러고 나서 학원에 갔다 돌아오면 최소 저녁 7시입니다. 11시간을 쉬지 않고 공부한 셈입니다. 그런데 더 하라고요? 어떤 고등학생은 밤 11~12시까지 학원에 다니기도 합니다. 그럼 언제 혼자 공부할까요? 새벽 2시까지 집에서 공부할까요? 말도 안 되는 이야기입니다. 학원만 많이 다니는 아이들은 이런 이유로 성공하지 못합니다. 배운 걸 외우고 익힐 틈이 없어서요.

오해는 하지 마세요. 학원에 아예 보내지 말라는 것이 아닙니다. 학원은 학교 수업 시간에 이해하지 못한 걸 자세히 설명해주고, 또 문제를 푸는 쉬운 방법과 암기 노하우를 가르쳐줍니다. 놓치기 쉬운 부분이나 헷갈리는 포인트를 잡아주는 기능도 있습니다. 그래서 시험 범위를 외우는 데 일부 도움이 됩니다. 잘 활용만 한다면 좋은 학습 도구입니다. 그러나 학원에서는 공부 방법만 가르쳐주지, 아이 머릿속에 넣어주는 것은 아니기에 최소한의 시간만 할애해야 합니다.

이후 'Part 4 중고등에서 시험을 잘 보기 위해 꼭 알아야 할 것들'에서 자세히 다룰 테지만, 본격적인 시험은 결국 '얼마나 시험 범위를 잘 외웠는지'를 평가합니다. 그러려면 절대적으로 '외울 시간'이 필요합니다. 어느 정도 시간만 있다면 누구나 단순 암기쯤은 잘할 수 있습니다. 그러므로 어떻게든 시간을 효율적으로 활용하도록 스케줄을 짜야 합니다. 꼭 필요한 학원인지 신중하게 생각해서 보내야 한다는 것입니다.

아이를 학원에 보내기 전, 먼저 어떤 과목이 부족한지 살펴보세요. 학교 수학 문제를 잘 풀 수 있다면 수학 학원에 안 다녀도 됩니다. 국어 시험을 잘 볼 수 있다면 국어 학원에 안 보내도 괜찮습니다. 영어를 못한다고요? 그러면 그때 보내는 걸 생각해보세요.

부족한 과목을 찾았다면 이제 '진짜 아이 혼자서 공부할 수 없는가?'를 살펴보세요. 혹시 학교 수업 시간에 집중하지 못해서, 혼자서 어떻게 공부해야 할지 방법을 몰라서 등의 이유일 수도 있기 때문입니다. 그렇다면 학원에 보낼 게 아니라, 수업에 집중할 수 있도록 도와주고 공부 방법을 알려주는 것으로 해결할 문제입니다. 만약 부모가 도움을 줄 수 있다면 그 방법을 최대한 활용합니다. 아이가 어려워하는 부분을 설명해주고 문제를 풀어주세요. 이것만 잘해도 사실 대부분의 학원은 다니지 않아도 됩니다. 3분 정도의 설명이면 알게 될 개념과 아이가 풀지 못한 3문제를 해결하기 위해 2시간짜리 강의를 듣게 할 필요는 없습니다.

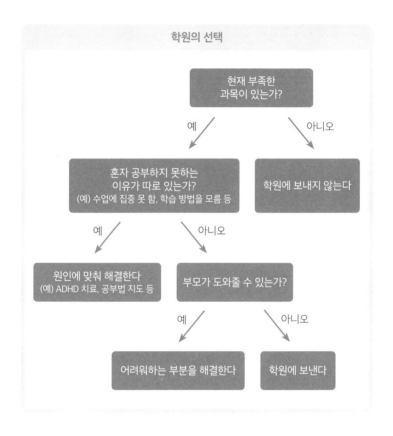

학원의 선택

현재 부족한
과목이 있는가?

예 / 아니오

혼자 공부하지 못하는
이유가 따로 있는가?
(예) 수업에 집중 못 함, 학습 방법을 모름 등

학원에 보내지 않는다

예 / 아니오

원인에 맞춰 해결한다
(예) ADHD 치료, 공부법 지도 등

부모가 도와줄 수 있는가?

예 / 아니오

어려워하는 부분을 해결한다

학원에 보낸다

다시 한번 강조하지만, 혼자서 외우고 익히는 시간만이 득점에 영향을 줍니다. 아무리 유명한 강사의 강의도 아이가 책 한 번 읽는 효과만큼은 못 냅니다. 아이 머리에 넣어줄 수는 없기 때문이지요. 그러니 학원은 꼭 필요한 과목만 보내세요. 학원은 최후의 선택입니다. 어떻게든 아이 혼자 공부할 수 있도록 만들어주세요. 그게 시험 고득점의 비결입니다.

1. 소문에 휩쓸려 무작정 학원에 보내지 않는다

- 초등학교 고학년이라는 이유만으로 학원에 보내지 않는다.
  (예) 초등 5학년이라고 무조건 수학 학원에 보내야 하는 것은
  아니다.
- 중학교 과정에 대한 불안을 해소하려는 이유만으로 학원에 보
  내지 않는다.
  (예) 지금 당장 어려워하는 과목이 없다면, 학원에 보낼 이유가
  없다.
- 초반에 시간이 걸리더라도 혼자서 교재를 읽고 공부할 수 있도
  록 유도한다.
  (예) 만약 아이가 교과서 내용을 모르겠다고 무작정 달려오면,
  2~3번 반복해서 읽도록 안내한다. → 반복해서 읽었는데
  도 이해하지 못하는 부분이 있다면 그 부분만 설명해준다.

2. 학원을 보내기 전 아이가 혼자 공부하기 어려운 부분에 대해 자세히 파고든다

- 어떤 과목을 '지금' 어려워하고 있는지부터 확인한다.
- 혼자서 공부하지 못하는 이유가 무엇인지 정확히 파악하고 해
  결해준다.
  (예) 주의 집중력에 문제가 있다면, 전문가(소아정신과 전문
  의)를 찾아가 적절한 대처 방법을 구한다.
  (예) 공부 방법에 문제가 있다면, '수업 전일 교과서 훑어보기

→ 수업 시간에 집중해서 듣기 → 문제집 풀이로 배운 내용 확인하기 → 부족한 부분 보완하기'의 4단계를 안내한다. (세부적인 내용은 219페이지 '교과서를 혼자 공부하는 3가지 방법' 참고)
- 혼자 공부하기 어려워하는 특별한 원인을 찾지 못했다면, 필요할 때만 부모가 도와준다.
(예) 문제집에서 못 풀겠다고 하는 문제나 어려워하는 개념을 설명해준다.

3. 혼자 공부할 수 있는 3가지 기본기인 '문해력, 연산력, 체력' 키우기에 마지막 박차를 가한다

- 꾸준한 독서, 연산 연습, 충분한 휴식 및 운동을 지속한다.

아이가 학원을 그만두고 싶어 한다면

만약 꼭 필요하다고 판단해서 학원에 보냈더라도, 혹시 아이가 그만두고 싶다고 이야기하면 언제든 중단하기를 추천합니다. 그저 아이가 게으름을 피우고 싶은 건 아닌지 의심이 들어도 말입니다. 이유가 무엇이든 그 학원에 계속 보내봤자 얻는 게 없습니다. 다니기 싫은 학원에 억지로 가면 수업을 과연 열심히 들을까요? 앉아 있기만 해도 머리에 들어가지 않겠냐는 막연한 기대를 하는 부모도 있는데, 그런 기적은 일어나지 않습니다. 공부는 자기가 안 하겠다고 마음먹으면 남이 손쓸 방법이 없습니다. 무엇이든 무리해서 밀어붙이면 당연히 저항이 따릅니다. 그 압력을 해소하지 않으면 아이가 반항하고, 그 과목의 공부를 다시는 하지 않겠다고 선언할 수도 있습니다.

지금 이 내용을 글로 보면 너무 당연한 이야기이고, '세상에, 본인이 싫다는데 계속 보내는 부모가 있나?' 하는 생각이 들 것입니다. 하지만 실제로 같은 상황을 맞닥뜨리면 결단이 생각보다 쉽지 않습니다. 지금까지 한 게 아깝고, 계속하면 확실히 도움이 될 것 같고, 잠깐만 버티면 위기가 지나갈 것 같고… 이런저런 생각에 미련을 버리기가 정말 어렵습니다. 어떤 부모는 학원 덕분에(?) 아이를 수학과 멀어지게 만들었다고 하더군요. 아이가 몇 번 그만두고 싶다고 했는데, 그때마다 조금만 견뎌내자고 설득으로 무마했다고 합니다. 결국 "수학 공부 정말 싫어. 다시는 안 해"로 끝났다고 하더라고요. 문과로 이미 확정되어 진로 선택의 짐을 덜게 되었다며 씁쓸한 농담을 했지요. 여러분은 이런 우를 범하지 않으면 좋겠습니다.

여기서 "학원에 가기 싫다고 할 때마다 무조건 다 들어주면 그다음에는 어떡하죠? 진짜 도움이 필요한데 아무 학원도 못 다니는 사태가 벌어질 수 있잖아요"라는 의문을 제기할 수 있습니다. 맞습니다. 그럴 수 있습니다. 학원을 끊는 것으로만 끝나면 그렇습니다. 그래서 중단은 하되, 그만두게 된 원인을 파악하는 게 중요합니다. 그러고 나서 다음 전략을 짜야 합니다.

왜 아이가 학원에 다니지 않으려 할까요? 인간관계 문제(강사-학생, 학생-학생)가 아니라면, 수업 수준이 아이에게 맞지 않아서일 가능성이 큽니다. 학원에서 다루는 내용이 너무 쉬워서 지루하거나, 아니면 학원에서 너무 어렵게 가르치거나요. 그럴 때는 학원 교재나 시험 성적을 확인해보세요. 쉽게 가르쳐서 수업을 들을 필요가 없다는 느낌이 드는 게 문제라면 기쁜 마음으로 학원을 중단하면 됩니다. 혼자서 공부해도 충분하다는 뜻이기 때문입니다. 진짜 문제는 아이 수준에 어려운 학원이겠지요. 더 다녀서 실력을 길러 따라잡아야 할지, 그만두고 쉽게 가르치는 학원으로 옮겨야 할지 고민이 많이 될 것입니다.

저는 그만두고 옮기는 걸 추천하고 싶습니다. 공부는 어려우면 일단 하기 싫습니다. 포기하고 싶어집니다. 앞서 수학과 멀어진 아이는 왜 그랬을까요? 너무 쉬워서 수학을 영원히 안 하겠다고 선언하는 건 조금 이상하지요. 학원에서 너무 어렵게 가르쳤기 때문입니다. 그때 사정을 파악하고 수준에 맞는 학원으로 옮겼다면 이런 사달이 나지는 않았을 겁니다.

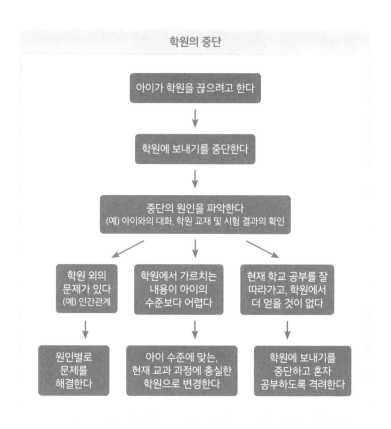

학원의 중단

아이가 학원을 끊으려고 한다

↓

학원에 보내기를 중단한다

↓

중단의 원인을 파악한다
(예) 아이와의 대화, 학원 교재 및 시험 결과의 확인

학원 외의
문제가 있다
(예) 인간관계

학원에서 가르치는
내용이 아이의
수준보다 어렵다

현재 학교 공부를 잘
따라가고, 학원에서
더 얻을 것이 없다

↓

원인별로
문제를
해결한다

아이 수준에 맞는,
현재 교과 과정에 충실한
학원으로 변경한다

학원에 보내기를
중단하고 혼자
공부하도록 격려한다

학원은 '지금 당장 학교 공부에 도움이 되라고' 다니는 것입니다. 이 목적을 헷갈리면 안 됩니다. 교과서나 문제집을 혼자 이해할 수 없어서 도움을 받으려고 갔는데, 학원 수업을 들어도 이해할 수 없으면 굳이 왜 다니나요? 학원의 목적은 아이를 '이해시켜주는' 것입니다. 이것을 만족시켜주는 곳이 아니면 보낼 이유가 없습니다.

간혹 들어가기가 서울대 입학보다 더 어렵다고 소문이 난 학원이 있습니다. 어떤 학원은 중간중간 일정 비율로 하위권을 내보내는데, 쫓겨나지 않기 위해 따로 과외를 받기도 한다더군요. 수업이 어려운 것은 말할 필요도 없고, 숙제를 몇 번 이상 틀리면 중도 탈락한다고 합니다. 그런데도 '공부를 잘하는 아이들이 다니는 학원'이라는 명성 덕분에 대기만 몇 달이라네요. 강남에 사는 한 부모에게 처음 이 이야기를 들었을 때 어이가 없어서 웃음이 터져 나왔습니다. 이런 학원은 진짜 안 다녀도 됩니다. 학원에 들어가기가 서울대 입학보다 더 어렵다면서요. 그럼 굳이 안 다니고 '수준을 낮춰' 바로 서울대에 입학하면 됩니다.

저도 예전에 비슷한 학원에 잠시 다닌 적이 있습니다. 원장이 혼자 운영하는 개인 영어 학원이었는데, 거기서 배운 사람들은 죄다 서울대에 들어갔다는 것입니다. 그러나 저에게는 전혀 맞지 않았습니다. 일단 교재가 너무 어려웠습니다. 교재가 어렵다 보니 진도를 진짜 천천히 나가더군요. 한 달을 다녀도 몇 페이지 진행이 안 되었습니다. '이래서 시험 문제를 푸는데 도움이 될까?' 했을 때 아니라는 생각이 들더군요. 공부 잘하는 애들이 다닌다는 소문도 다 거짓말 같았습니다. 그래서 몇 달 다니다가 결국 그만뒀습니다. 지금 돌이켜 보면 그 학원의 명성은 사실이었던 것 같습니다. 그 정도 어려운 지문을 읽어내고 지루한 시간을 버텨낼 인내심이 있는 학생이라면 공부를 잘할 수밖에 없을 테니까요.

유명한 학원이라고 해서 무조건 좋은 학원이 아닙니다. 아무리 잘 가르친다고 소문이 났어도 내 아이에게는 도움이 안 될 수 있습니다. 특히 '고득점자를 많이 배출한', '최상위권 아이들이 다니는' 이런 학원은 주의해서 봐야 합니다. 강사의 전달력과는 전혀 상관 없는 경우도 많거든요. 여러분은 절대 소문에 현혹되지 않기를 바랍니다. 아무리 좋다는 학원이라도 아이가 싫다고 하면 바로 끊어 주세요.

---

1. 아이가 중단하길 원하면 그 학원은 즉시 끊는다

- 일단 아이의 의견을 존중하고 해결책을 찾는다.
- 최대한 빠른 시간 안에 중단한다.
- 영원히 공부를 싫어하게 만들지 않는다.

2. 그만두게 된 원인을 파악해 향후 공부 전략에 활용한다

- 아이와 대화를 나누고, 학원 교재나 시험 결과를 확인한다.
- 원인 파악 체크 리스트
  → 선생님이나 다른 친구와의 문제 때문인가?
  → 아이가 학원 수업을 이해하기 어렵다고 하는가?
  → 학원 교재가 학교에서 아이가 배우는 수준보다 어려운가?
  → 아이가 학교 수업은 잘 따라가고 있는가?

→ 학원 수업이 아이 수준에 비해 너무 쉬워서 지루해하는가?
- 학원이 아이 수준에 비해 어려울 경우 쉬운 학원으로 옮긴다. 수준에 맞지 않는 학원에서 버티는 것은 시간 낭비일 가능성이 높다.
- 아무리 유명한 학원이라도 당장 학교 시험에 도움이 되지 않는다면 중단한다. 아이 공부의 최종 목표는 '학교 시험에서 좋은 성적을 거두는 것'임을 잊지 않는다.
- '최상위권 아이들이 다니는 학원'의 구성원이 되는 것은 공부의 목표가 아니다.

교과서를 혼자 공부하는 3가지 방법

어쩌면 "혼자 공부할 수 있으면 뭐하러 학원을 보낼까요? 그건 공부 잘하는 아이들이고, 아닌 아이들은 교과서를 이해하지 못하니까 어쩔 수 없이 보내는 거죠"라고 이야기하고 싶은 분도 있을 겁니다. 이해합니다. 비용도 많이 들고 아이도 힘에 부치지만, 그래도 별다른 방법이 없어 학원에 보낸다는 걸 잘 알고 있습니다. 하지만 저는 여기서 조금 안타까운 마음이 들었던 부분이 '교과서가 어렵고 이해할 수 없다'라는 이유로 아이 혼자 공부하도록 만들기를 포기한다는 사실이었습니다. 왜냐하면 교과서는 '원래' 어렵고 이해할 수 없는 게 당연하기 때문입니다.

교과서는 아주 오랜 시간 축적된 지식을 요약해서 모아놓은 책입니다. 교과서 한 권에 몇 페이지나 될까요? 거기에 그 많은 내용을 담으려니 친절하게 설명해줄 여유가 없습니다. 단순 사실만 나열하기에도 벅찹니다. 이런 이유로 교과서는, 평소에 책을 많이 읽어 어휘력이 좋고 이야기를 잘 따라갈 수 있는 아이도 처음 보면 머리에 잘 안 들어옵니다. 혼자 공부할 때 문해력이 필요하다는 건, 문장 하나하나 의미를 빠르게 파악하는 데 도움이 되기 때문이지, 교과서 전체 맥락을 이해하기 위해서가 아닙니다. 사실 가능하지도 않습니다. 맥락이 없을 때가 많거든요. 다시 말해 교과서란 애초에 독자가 '이해하길' 바라면서 쓴 책이 아닙니다. 정보를 '알려주는' 게 목표입니다. 카탈로그나 매뉴얼 같은 문서라고 생각하면 쉽습니다. 그런데 그것을 왜 이해시켜달라고 학원에 맡길까요.

　한편 교과서는 이해하라고 만들어진 책이 아니기에 시험에서 '이해했는지'를 평가하지도 않습니다. 알려준 정보를 '잘 알고 있는지'만 물어봅니다. 그저 교과서가 시키는 대로 열심히 정보를 머릿속에 넣으면 됩니다. 그런데 이것은 어차피 아이가 혼자서 해야 할 과제입니다. 굳이 학원에 다녀야 할 이유가 없다는 뜻입니다.

　여기서 "단순 사실만 나열된 책을 혼자서 어떻게 공부하죠? 학원에서 콕콕 찍어주는 게 없으면요"라고 이의를 제기하고 싶은 분도 있을 겁니다. 별다른 가이드 없이 아이 혼자 읽어서는 머리에 들어오지도 않고 무엇이 중요한지도 잘 모를 테니까요. 그럴 때는 다음의 3가지 방법을 활용하면 됩니다.

첫 번째는 문제집의 도움을 받는 방법입니다. 교과서를 펴기 전에 문제집에 나와 있는 문제들을 쓱 읽어보도록 알려주세요. 그럼 교과서의 어느 부분을 집중해서 봐야 할지, 문제를 풀려면 어떻게 책을 읽어야 할지 감을 잡을 수 있습니다. 예를 들어 사회 교과서처럼 줄글로 지식이 나열된 경우, 별생각 없이 책을 읽으면 다 읽고 나서 남는 게 거의 없습니다. 그렇다고 전체 내용을 다 외우려는 자세로 읽을 수도 없고요. 다음은 초등 5학년 2학기 사회 교과서의 내용입니다.

정조 이후 왕들이 어린 나이로 왕위에 오르자 왕의 외척이 나라의 권력을 잡는 세도 정치가 나타났다. 이들은 높은 벼슬을 차지하고 나라를 다스리는 데 이익을 앞세웠다. 그 과정에서…(중략)

흥선 대원군은 세도 정치의 잘못된 점을 고치고 국왕 중심으로 정치를 운영하기 위한 정책을 펼쳤다. 흥선 대원군은 세금을 면제받고 부당하게 재산을 쌓던 서원을 일부만 남기고 모두 정리했으며, 임진왜란 때 불에 탔던 경복궁을 고쳐 지었다.

그러나 경복궁을 다시 지으려고 농사철에 백성들을 동원해 그들의 생활을 힘들게 했다. 또 공사에 필요한 돈을 마련하려고 강제로 기부금을 걷는 등 무리한 정책을 펼쳐 백성들이 불만이 점점 높아졌다.

무슨 소린지 머리에 잘 들어오지 않지요? 그러나 이 글을 읽기 전에,

1. 왕의 외척이 나라의 권력을 잡아 다스리는 정치 형태를 무엇이라고 하는가?

2. 다음 중 흥선 대원군의 업적이 아닌 것은?
   ① 세금을 면제받고 부당하게 재산을 쌓던 서원을 정리하였다
   ② 국왕 중심으로 정치를 운영하기 위한 정책을 펼쳤다
   ③ 임진왜란 때 불에 탔던 경복궁을 고쳐 지었다
   ④ 새로운 농사 기술을 전파하여 백성들의 생활을 윤택하게 하였다

이렇게 문제집을 먼저 훑어보면 '외척 정치', '서원', '국왕 중심', '경복궁', '농사', '백성들의 생활' 등을 중점적으로 살펴봐야 한다는 사실을 분명히 알 수 있습니다. 그리고 나서 교과서를 보면 훨씬 눈에 잘 들어옵니다. 여러분도 다시 지문을 읽어보세요. 책을 한 번만 읽어도 대부분의 문제를 술술 풀 수 있게 됩니다. 놀랄 일이 아닙니다. 애초에 풀 문제를 읽고 시작했으니까요.

두 번째는 반복해서 읽는 방법입니다. 솔직히 교과서는 이야기 책이 아니라 한 번 봐서는 무슨 소리인지 눈에 잘 안 들어올 때가 많습니다. 용어도 생소하고 내용이 축약되어 있기 때문이지요. 하지만 두세 번 보면 좀 알 것 같다는 느낌이 듭니다. 이 현상을 아이가 체험하게 해주세요. 교과서가 어렵다며 처음부터 혼자 읽기를 포기하지 않도록 말입니다. 도식으로 표현하자면 '읽기 → 이해 → 문제 풀이'처럼 우리가 흔히 생각하는 공부 방법이 아니라,

읽기 → 읽기 → 읽기 → 문제 풀이

이러한 방법을 통해 혼자 공부할 수 있다는 것입니다. 다음은 초등 5학년 2학기 과학 교과서의 내용입니다.

일정한 거리를 이동한 물체의 빠르기는 물체가 이동하는 데 걸린 시간으로 비교합니다. 일정한 거리를 이동하는 데 짧은 시간이 걸린 물체가 긴 시간이 걸린 물체보다 더 빠릅니다. 예를 들어 수영 경기를 할 때 선수들이 출발선에서 동시에 출발했다면 결승선에 먼저 도착한 선수가 더 빠르다고 말합니다. 결승선에 먼저 도착한 선수는 나중에 도착한 선수보다 일정한 거리를 이동하는 데 걸린 시간이 더 짧습니다.

'일정한 거리', '이동', '걸린 시간', '짧다', '빠르다'가 반복해서 나오니 정신이 하나도 없지요? 그럼 다시 한번 읽어보겠습니다. 이번에는 연필로 줄을 그어가면서 읽어봅니다.

> 일정한 거리를 이동한 물체의 빠르기는 물체가 이동하는 데 걸린 시간으로 비교합니다. 일정한 거리를 이동하는 데 짧은 시간이 걸린 물체가 긴 시간이 걸린 물체보다 더 빠릅니다. 예를 들어 수영 경기를 할 때 선수들이 출발선에서 동시에 출발했다면 결승선에 먼저 도착한 선수가 더 빠르다고 말합니다. 결승선에 먼저 도착한 선수는 나중에 도착한 선수보다 일정한 거리를 이동하는 데 걸린 시간이 더 짧습니다.

이제 조금 알 것 같은 느낌이 들 겁니다. 그럼 앞선 내용을 한 번만 더 읽어봅니다. 어떤가요? 이렇게 3번쯤 읽으면 별 어려움 없이 교과서 내용을 완전히 파악할 수 있겠지요?

마지막으로 세 번째는 학교 수업 시간에 집중하도록 강조하는 방법입니다. 마지막이라고 했지만 사실 이것이 가장 선행되어야 합니다. 학교 수업 시간에만 잘 들어도 대부분은 혼자서 공부할 수 있습니다. 4~5페이지를 40분 넘게 설명해주는데, 교과서를 익히지 못할 이유가 있을까요.

여기서 "학교에서 제대로 안 가르쳐주면 어떡하죠? 요즘 공교육은 엉망이에요"라고 반문하고 싶은 분이 있을 겁니다. 당연히 나올 만한 불만입니다. "학원에서 다 배웠지?"라면서 친절히 설명해주지 않고 기계적으로 진도만 나가는 선생님이 있다는 이야기, 저도 들은 적 있습니다. 그런데 우리 때는 그런 선생님이 없었나요? 그런 선생님은 언제나 있었습니다. 학생이라면 누구나 한 번쯤은 꼭 만납니다. 하지만 그렇다고 학교 수업 시간에 집중하지 않을 이유는 없습니다. 학교 수업은 아무리 부실해도 어쨌든 진도는 나갑니다. 교과서 내용을 뛰어넘지는 않습니다. 그럼 그 진도에 맞춰서 공부하면 됩니다. 수업 시간에 최선을 다해 공부할 수 있도록 부모가 잘 안내해야 합니다. 일부 교사의 자질이 부족하든 어떻든 말입니다. 아이가 학교를 무시하면 당연히 수업에 집중하지 않게 됩니다. 그럼 정말 손해입니다.

무엇보다도 시험 문제 출제자가 학교 선생님입니다. 지금 아이 눈앞에서 강의하는 분, 이분이 중요하다고 말한 것이 시험에 나옵니다. 앞서 교과서의 주요 내용이 무엇인지 파악하기 위해 문제집을 먼저 보는 방법이 있다고 했지요. 그 방법의 다른 버전이 수업 시간에 강조한 내용을 듣는 것입니다. 그런데 왜 그 말을 흘려듣도록 내버려두나요, 최대한 정보를 얻어야지요.

만약 듣기만 해서는 도저히 수업 내용을 파악할 수 없다고 호소한다면, 전날 해당 부분 교과서를 한번 쓱 읽고 가도록 안내해주세요. 기껏해야 5~6페이지거든요. 훑어보는 데 몇 분 안 걸립니다. 무슨 내용인지 모르겠다고 해도 상관없습니다. 그런 부분은 밑줄 치고 넘어가라고 알려주세요. 그 상태에서 수업을 들으면 이전보다 훨씬 잘 알아들을 수 있을 것입니다. 듣고도 모르겠는 부분은 선생님에게 질문하면 되고요.

→ 하루 전일 교과서 훑어보기

→ 수업 시간에 집중해서 공부하기

평소 공부

→ 문제집 훑어보기

→ 교과서 읽기(완전히 익힐 때까지 반복 읽기)

시험 기간

→ 문제 풀기

이렇게 공부하면 됩니다. 이 정도만 하면 학원에 다니지 않아도 충분히 공부를 잘할 수 있습니다. 아이에게 꼭 알려주세요.

1. 아이가 "무엇을 공부해야 하는지 모르겠어요"라고 호소한다면, 교과서를 읽기 전에 문제집을 훑어보도록 안내한다

- 문제집을 통해 집중해서 봐야 할 부분을 파악하게 한다.
   (예) 생소한 단어, 생소한 문장, 답인지 아닌지 쉽게 알 수 없는 문장 등
- 문제집 읽기를 통해 파악한 키워드를 염두에 두고 교과서를 읽게 한다.
   (예) 문제집에서 '외척 정치', '서원', '국왕 중심', '경복궁', '농사', '백성들의 생활'과 관련된 내용이 중요하다고 파악했다면 이를 중심으로 읽기

2. 아이가 "교과서를 읽었는데도 무슨 소린지 모르겠어요"라고 호소한다면, 교과서는 원래 여러 번 반복해서 읽어야 하는 책이란 사실을 알려준다

- 부모 역시 어려운 글을 읽을 때는 두세 번 본다는 사실을 말해준다.
- 두세 번 읽으면 어려운 글도 충분히 파악할 수 있다는 걸 체험하게 한다.
   (예) 이해가 되지 않는다고 호소하는 지문이 있다면, 밑줄을 그어가며 3번 읽게 해서 처음 봤을 때와 마지막 봤을 때 어떤 차이를 느꼈는지 확인하기

3. 학교 수업 시간에 집중하도록 격려한다

- 선생님이 중요하다고 강조하는 내용을 빠짐없이 듣게 한다.

(예) 이미 아는 내용이라도 꼼꼼히 필기하며 집중해서 듣기
- 수업을 들으면 더 이상 따로 복습할 필요가 없을 정도가 되어
  야 한다고 알려준다.
- 학교 수업을 이해할 수 없다고 호소한다면, 수업 전일 교과서
  를 훑어보게 한다. 이때는 '머리에 발라놓는다'라는 느낌으로
  한 번 읽으면 충분하다.

선행 학습을 하는 가장 현명한 방법

초등 5~6학년 때 학원을 고려하는 이유는 비단 학교 수업을 따라가기가 어려워서 뿐만은 아닐 것입니다. 오히려 학교 수업쯤은 대수롭게 생각하지 않아 더 학원에 보내려고 하기도 합니다. 바로 중학교 과정 선행 학습을 시키기 위해서지요.

이 책 초반에 저는 선행 학습은 시키지 않기를 권장한다고 밝혔습니다. 저뿐만 아니라 대다수의 교육 전문가들이 입을 모아 하지 말라는 게 바로 선행 학습입니다. 하지만 실제로는 알음알음 다들 하고 있습니다. 왜일까요? 선행 학습의 효과는 정말 유혹적이기 때문입니다.

이론적으로는 완벽합니다. 중학교에 진학하면 수업 난이도가 올라가고 공부량이 늘어나서 시간이 부족한 게 문제입니다. 그래서

시간적 여유가 있는 초등학교 때 당겨서 예습하면 아무래도 수업이 덜 어렵게 느껴지겠지요. 공부에 소요되는 시간도 줄어들고요. 그럼 공부를 자연히 쉽게 잘할 수 있을 것입니다. 어떻습니까? 이렇게 스마트한 방법이 어디 있겠냐는 생각이 들지요. 하지만 현실은 이론과 다르게 흘러갑니다. 앞서 언급했듯이 인간의 기억력은 기대만큼 좋지 않기 때문입니다. 지금 당장 사용하지 않는 내용은 금방 잊어버립니다. 1년 앞당겨봤자 1년 후면 다 까먹습니다. 물론 백지상태에서 처음 보는 아이보다는 수업 시간에 여유가 있을 겁니다. 하지만 그뿐입니다. 시험 성적과는 별 상관이 없습니다. 시험 날쯤 되면 선행 학습을 한 아이와 안 한 아이가 큰 차이가 나지 않기 때문입니다. 우리 뇌의 망각 능력 덕분에요.

성적은 시험 며칠 전부터 얼마나 열심히 했느냐에 따라 결정됩니다. 1년 전에 공부하든지 말든지는 대세에 영향을 주지 않습니다. 혹시 우리 아이는 다르지 않을까 미련이 남을 수 있습니다. 1년이 지나도 잊어버리지 않고 효과를 볼 수 있을 거라고요. 물론 그럴 수도 있습니다. 세상에는 언제나 뛰어난 사람이 있기 마련이니까요. 하지만 개인적으로 그럴 확률은 꽤 낮다고 생각합니다. 실제로 저도 실패했었고요.

앞서 저는 중학교 때 경시대회에 출전한 적이 있다고 했습니다. 당시 제가 공부했던 것은 고등 수학 과정이었습니다. 고등학교 2학년이 푸는 정도의 문제를 마스터했던 것 같습니다. 전국에서 순위권 안에 들 정도로 확실히 배웠습니다. 그렇게 고등학교에 진학한 후 저는 어떻게 되었을까요? 수학 공부는 이미 끝냈으니 쉬엄쉬엄 다른 과목을 공부하며 지냈을까요?

전혀 아니었습니다. 처음에만 그랬지요. 미리 공부한 효과로 노력 없이 수업을 따라갈 수 있었습니다. 1학년 때 여유 시간에 3학년 과정을 공부했습니다. 이미 고등학교 2년 과정을 선행했으니까요. 그땐 왠지 우쭐한 마음도 들었습니다. 짝은 '기본 정석'을 풀고 있는데, 저는 '수II'를 풀고 있었거든요. 앞서가는 느낌이랄까요. 그런데 점점 성적이 떨어졌습니다. 2학년 중반쯤 되니 70점도 못 맞을 지경이 되었습니다. 결국에는 수학 재시험 대상자가 되기까지 했습니다. 선생님이 따로 불러 "너 교과서부터 다시 풀어봐라"라고 해서 그제야 책을 펴봤는데 그것도 못 풀겠더라고요. 그때 꽤 충격을 받았습니다. 저도 제가 그토록 다 잊어버릴 줄은 몰랐거든요.

겸손한 자세로 차근차근 진도를 밟았던 친구들은 고등학교 입학 초반엔 힘들어했지만, 곧 궤도에 올랐습니다. 결국에는 저보다 좋은 성적을 받게 되었지요.

어쩌면 여러분은 "왜 그렇게 멍청하게 공부한 거지? 현행 학습도 열심히 하면 됐을 텐데"라고 지적하고 싶을 것입니다. 그러게요. 그랬으면 됐는데 말입니다. 그러나 그때는 왠지 모르겠지만 제가 공부를 효율적으로 하고 있다고 착각했습니다. 이미 고등학교 2년 과정을 끝냈으니, 3학년이 될 때까지 수학은 덜 열심히 해도 된다고 생각한 것입니다. 그래서 남들이 수학을 공부하는 시간에 다른 과목을 열심히 팠습니다. 당시에는 공부 요령도 없어서 다른 공부를 하기에도 벅찼거든요. 수학은 자연히 후 순위로 미뤄졌습니다. 게다가 이전에 공부를 해봤던 터라 학교 수업을 들을 때 이미 다 아는 것처럼 느껴졌던 것입니다. 따로 공부해야 한다는 위기감과 절박감이 전혀 없었습니다. 하지만 남의 설명을 알아듣는 것과 제가 직접 문제를 풀 수 있는 것은 전혀 다르잖아요. 시험장에 들어가서야 제가 아는 게 없다는 사실을 겨우 깨달았지요. 그때라도 얼른 정신을 차렸어야 했는데 사람 마음이 안 그렇더라고요. 고3 과정을 공부하던 사람이 고2 과정으로 돌아가는 건 당시에는 '말도 안 되는 일'이었습니다. 왜 그랬는지는 저도 모릅니다. 청소년기의 자존심이었는지도요. 여하튼 여러분이 보는 것처럼 멍청한 선택을 한 건 사실입니다. 선행 학습 효과를 믿는 게 아닌데 말입니다.

혹시 "그래도 선행 학습이 도움이 된 건 아닌가요? 경시대회는 성공했잖아요"라고 말하고 싶은 분이 있을 겁니다. 맞습니다. 그건 사실입니다. 중학교 때 고등학교 수학을 공부했기 때문에 경시대회를 잘 볼 수 있었습니다. 만약 선행 학습이 도움이 되는 단 한 가지 경우가 있다면 그게 바로 경시대회일 것입니다. 하지만 그건 엄밀히 말하면 '선행' 학습 효과가 아니었습니다. 왜냐면 그건 당장 시험 범위를 공부할 뿐이었거든요. 시험이 고등학교 과정에서 나오니까요. 다시 말해 그때 제가 했던 건 눈앞에 놓인 '현행' 학습이었습니다. 현행 학습의 효과를 봤던 것입니다. 하지만 선행 학습의 효과는 이야기했다시피 누리지 못했습니다. 그 당시 스스로 기억력이 좋은 편이라 생각했는데, 몇 달을 못 가더군요.

만약 초등 5학년 때부터 중학교 과정을 배우기 시작한다면 어떨까요? 초등학교 졸업도 하기 전에 중학교 수학을 다 끝냈다는 아이도 있고요. 그 기억이 얼마나 오래갈까요? 3년 전에 공부한 기억이 과연 효과가 있을까요? 여러분은 3년 전에 본 책의 줄거리를 어느 정도 떠올릴 수 있나요? 아마 상당 부분 잊어버렸을 겁니다. 기억이 난다 해도 "이거 언젠가 봤던 건데… 제목은 확실히 들어봤어. 맞아, 그랬던 것 같아"라고 이 정도 회상해낼 수 있겠지요. 그래도 그게 어디냐며 안 하는 것보다는 낫다고 판단할 수도 있습니다. 한 번 더 보면 조금이라도 도움이 되니 나쁠 게 없다고 생각할 수도 있지요. 맞습니다. 중고등 수학을 완전히 마스터해서 학교 교육의 장인이 되는 게 목적이라면 그렇습니다. 하지만 부모가 아이를 공부시키는 목적은 무엇일까요? 공부를 잘하게 하기 위해, 시험에서 고득점을 받게 하기 위해서입니다. 그러려면 현행 학습에서 2번 볼 걸 3번 보고, 3번 볼 걸 4번 보는 전략을 취해야 합니다. 정확히 기억하는 것만 시험장에서 쓸 수 있기 때문입니다. 어렴풋이 기억나는 것은 점수에 영향을 주지 않습니다.

어떤 부모는 초등학교 때 중학교 수학을 끝내놓으면 다른 과목을 여유 있게 공부할 수 있다고 선행 학습은 필수라고 하는데, 그랬다가는 과거의 제 꼴이 납니다. 미리 공부했다고 현행 학습을 소홀히 하면 시험에서 필패합니다.

혹시 여기서 "수업 전 예습을 아예 하지 말라는 말인가요? 전혀 소용이 없다는 말인가요?"라고 의문을 제기할 수도 있습니다. 그렇지 않습니다. 수업 전 예습은 당연히 도움이 됩니다. 예습하고 들어가면 수업 시간에 당황하지 않고 선생님의 설명을 거의 다 흡수할 수 있으니까요. 매우 효율적인 공부법입니다. 다만 그 시기가 잘못되었다는 것입니다. 1년 전, 2년 전에 공부하는 게 문제라는 것입니다.

만약 아이를 중학교 과정에 적응하도록 도와주려면 6학년 겨울방학에 시작하세요. 그때 중학교 1학년 1학기 과정을 한번 쓱 훑으면 됩니다. 그래야 수업 시간에 기억이 살아 있어요. 이후 1학년 2학기는 1학년 여름 방학에, 2학년 1학기는 1학년 겨울방학에… 이런 식으로 선행해야 효과가 있습니다.

3개월

공부 시점(초등학교 6학년 겨울 방학)　　　　활용 시점(중학교 1학년 1학기)

초등학교 6학년 때 중학교 3학년 수학을 배워봤자 어차피 다 까먹습니다. 왜 그런 비효율적인 공부를 하나요?

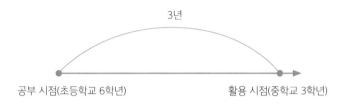

3년

공부 시점(초등학교 6학년)　　　　활용 시점(중학교 3학년)

극단적으로 말해서 가장 효율적인 선행 학습은 공부하기 하루 전날의 예습입니다. 사실 그것만으로도 충분할 수 있습니다. 1년 전에 한 번 훑어본 것이나, 2달 전에 한 번 훑어본 것이나, 1일 전에 한 번 훑어본 것이나 무슨 차이가 있을까요? 오히려 수업 시간에 기억하는 건 1일 전이 가장 낫겠지요.

1. 무조건 현행 학습에 집중한다

- 선행 학습의 '선행' 효과를 믿지 않는다.
  (예) 중학교 수학을 미리 공부하면 '중학교 올라가서 수학은 걱정 없을 것'이란 환상을 깬다. → 선행을 한다고 해도, 현행 학습은 선행하지 않은 아이와 똑같이 해야 한다는 걸 고려하여 공부 전략을 짜야 한다.
- 선행하느라 현행 학습을 소홀히 하는 우를 범하지 않는다.
  (예) 선행한 내용이라도 수업 시간에 집중해서 들어야 한다는 걸 아이에게 강조한다.
- 고득점을 올리려면 현행 학습에서 한 번 더 보는 전략을 취한다. 1년 전 선행보다 시험 일주일 전에 한 번 더 반복하는 게 득점에 더 영향을 준다.
  (예) 시험 기간에 2회 볼 걸 3회 보도록 격려한다.

2. 만약 선행 학습을 한다면 학교 진도와 최대한 가까운 시일에 시킨다

- 선행 학습은 직전 방학 기간에 한다.
  (예) 초등학교 6학년 겨울 방학 2개월간 중학교 1학년 1학기 수학 교과서를 읽는다.
- 가장 효율적인 선행 방법을 찾는다면 수업 하루 전 교과서를 읽게 한다.
  (예) 교과서 훑어보기 → 수업 집중해서 듣기

Part 4

중고등에서
시험을 잘 보기 위해
꼭 알아야 할 것들

시험을 진짜 잘 보는 방법은 따로 있다

우리는 지금까지 학교 공부를 잘하기 위한, 즉 중고등 시험에서 고득점을 올리기 위한 기반을 다지는 방법에 대해 이야기를 나눴습니다. 공부 전략을 짜는 방법, 아이를 책상에 앉히는 팁, 아이가 꼭 갖춰야 할 공부 기본기 3가지와 구체적인 연령별 공부 노하우를 이야기했습니다. 이제 드디어 중고등 시험을 어떻게 치러야 하는지 다룰 차례입니다. 본격적으로 시작하기 전에 이야기하자면, 사실 이 파트는 지금 당장 여러분이 알아야 할 내용은 아닙니다. 아이가 14살이 된 이후에 적용할 수 있는 방법론이니까요. 초등 아이 교육법에 대해서는 앞에서 언급한 내용까지만 봐도 충분합니다.

그럼에도 불구하고 여기서 '중고등 시험에서의 대응 비법'을 다루는 이유는, 이것을 알아야 불안함 없이 효율적으로 초등 시기를 보낼 수 있기 때문입니다. 이 파트를 읽고 나면 여러분은 조기 교육, 선행 학습, 불필요한 사교육이 얼마나 무의미한지 확실히 깨닫게 될 것입니다. 또한 "공부의 기본기 3가지(문해력, 연산력, 체력)만 갖추면 걱정할 것 없다"라는 저의 이야기가 과장이 아니라는 사실을 알게 될 것입니다. 어쩌면 여러분은 "어머, 시험 잘 보는 비결이 이렇게 간단한 거였어?"라고 놀랄 수도 있습니다. 맞습니다. 중고등학교에서 시험 잘 보는 방법은 사실 별것 없습니다. 그러니 더 이상 걱정하지 말고 초등 시기에 제가 지금까지 이야기한 대로 한번 실천해보세요.

그럼 서론은 이쯤에서 줄이고 중고등학교에서 시험이란 무엇을, 어떤 방식으로 평가하는지, 또 어떻게 준비해야 하는지 낱낱이 파헤쳐보도록 하겠습니다.

🏅 시험에는 '암기'라는 왕도가 있다

시험을 준비할 때 반드시 해야 할 일은 무엇일까요? 바로 '암기'입니다. 너무 재미없는 이야기, 듣고 싶지 않은 이야기인가요? 그러나 어쩔 수 없습니다. 암기 없이는 시험을 잘 볼 수 없기 때문입니다. 믿고 싶지 않겠지만 진실입니다. 사람들이 워낙 암기라는 단어를 싫어하는 바람에 '완전히 교과서를 익힌다', '메타인지가 중요하다'라는 멋진 말들로 포장하지만, 그 끝은 결국 같습니다.

완전히 교과서를 익힌 걸 어떻게 확인할까요? 아이가 그 내용을 줄줄 읊어야 합니다. 그러려면 당연히 외우는 과정이 필요합니다. 메타인지는 뭘까요? '본인이 정확히 알고 있는지를 안다'라는 것으로, 결국 머릿속에 저장되어 있는지 아닌지를 확인하는 것입니다. 그런데 머릿속에 저장되는 것은 무엇일까요? 바로 기억입니다. 우리 뇌에는 '외운 것'이 저장됩니다. 다시 말해 완전 학습법이든 메타인지 학습법이든 그 어떤 최첨단 학습법이든 암기를 피할 수는 없습니다. 누군가는 "단순 암기 타파, 이해하는 공부가 진짜 공부다"라는 말로 현혹하기도 하는데, 이해와 암기는 별개의 개념입니다. 모든 것을 다 이해한다고 해서 시험을 잘 볼 수는 없습니다.

노래 부르기에 비유한다면 '이해'는 악보를 보고 부르는 것입니다. 악보에 나와 있는 가사와 음표를 익히는 것이지요. 어떤 음을 내야 할지, 어떤 박자를 쳐야 할지 악보를 실시간으로 파악해서 내뱉는 것을 말합니다. 하지만 경연장에서는 악보 없이 불러야 합니다. 그게 규칙이거든요. 시험장에서 교과서를 펴볼 수 없는 것과 마찬가지입니다. 악보를 다 이해하고 따라 한다고 해서 악보 없이 노래 부를 수 있을까요? 전혀 그렇지 않을 것입니다. 3소절도 제대로 부르지 못할걸요. 그다음 가사가 무엇이었는지 객관식으로 내면 헷갈릴지도 모릅니다. 물론 이전에 가사의 흐름을 익힌 적이 있으니 떠올리며 부를 수도 있을 겁니다. 그렇게 어떻게든 끝까지 해낼 수는 있습니다. 하지만 좋은 점수를 받을 수 있을까요? 남들은 3분 만에 부르는 노래를 10분 동안 버벅거리다가 겨우 마쳤는데요? 제한 시간은 5분인데 말입니다.

우리가 보통 시험을 보면 한 문제당 1~2분 안에 풀어야 합니다. 40분 안에 20문제를 풀고 검토까지 마쳐야 합니다. 그런데 가끔 어려운 문제는 5분 넘게 붙들어야 할 때도 있습니다. 즉, 웬만한 문제는 읽는 순간 답이든 해법이든 함께 떠올려야 고득점을 받을 수 있다는 이야기입니다. 그런데 암기하지 않고 시험장에 들어간다고요? 그건 가수 지망생이 가사를 완벽히 못 외운 채 오디션에 임하는 것과 마찬가지입니다.

물론 이해하는 공부를 폄훼하려는 것은 아닙니다. 이해는 정말 중요합니다. 어떤 내용인지도 모르는데 외우는 게 무슨 소용이 있을까요? 공부하다 보면 무슨 소리인지 모르겠는데 시험은 봐야겠고, 할 수 없이 억지로 머리에 욱여넣어야 하는 순간도 있습니다. 하지만 솔직히 별로입니다. 전화번호부 외우는 것만큼 의미 없는 일입니다. 또 이해해야 기억하기도 쉬우므로 글 내용의 파악은 공부를 잘하는데 필요한 요소인 것만은 분명합니다. 제가 꼭 전하고 싶은 이야기는 '이해했으니 공부 끝!' 이러지 말라는 것입니다.

쉬운 소설책을 이해하지 못하는 사람이 있을까요? 보고 있을 때는 누구나 다 알 것 같습니다. 하지만 이틀 후에 "남녀 주인공이 처음으로 만난 장소는?"이라고 물어보면 답할 수 있을까요? 완전히 별개의 문제입니다. 따로 외우지 않고는 대부분 헷갈릴 것입니다. 가끔 "완전히 이해하면 저절로 외워진다"라고 이야기하는 사람도 있습니다. 그런 말을 하는 사람이 있다면 주의해야 합니다. 그게 진짜라면 그 사람은 초능력자거든요. 두세 번 읽기만 해도 저절로 머리에 들어온다는 뜻이잖아요. 초능력자 맞지요. 우리 아이가 그 정도 비상한 머리를 타고난 게 아니라면 이해하는 것만으로 공부를 정복할 수 있다는 꿈에서는 깨는 게 좋습니다. **이해한다고 해서 저절로 기억이 되지는 않습니다.**

저는 예전에 유튜브 채널을 정말 열심히 운영한 적이 있습니다. 당시 주 1회 촬영을 위해 대본을 준비했습니다. 분량은 기껏해야 A4 용지 1장 정도였는데, 6개월 정도 하고 미련 없이 그만뒀습니다. 여러 이유가 있었지만 중요한 요인 중 하나는 '대본을 외우기가 힘들어서'였습니다. 제가 직접 쓴 대본이니 이해하지 못할 것이 뭐 있을까요? 게다가 평소에 다 아는 내용이었는데 말입니다. 하지만 막상 입으로 읊으려니 잘 안 나오더라고요. 막상 촬영이 시작되면 단어가 생각이 안 나고 어떤 때는 문단을 통째로 빼먹기도 했습니다. 완벽해질 때까지 반복해서 외우고 연습하지 않으면 제대로 해낼 수가 없었습니다. 그런데 만약 이게 서술형 시험이었다고 생각해보면 어떨까요? 내용을 완전히 파악했다고 좋은 점수를 받을 수 있을까요?

어떤 공부법이든 암기하라는 말이 없어도 시험을 잘 보려면 무조건 암기해야만 합니다. "단순 암기 타파, 이해하는 공부가 진짜 공부다"라는 말은 암기하지 말라는 뜻이 아닙니다. 이해를 먼저 하고 이후에 암기를 '당연히' 하라는 것입니다.

그럼에도 불구하고 혹시 아직 미련이 남아 있을 수도 있습니다. '암기라는 고통 없이 공부를 잘하는 신박한 방법은 없을까?'라고 묻고 싶을 테지요. 아쉽지만 아직 아무도 발견하지 못한 것 같습니다. 머리에 백과사전 칩을 심으면 가능하려나요?

'공부에는 왕도가 없다'라는 말이 있습니다. 그건 이런 뜻으로 쓰인 것 같습니다.

'공부는 외울 때까지 열심히 하는 수밖에 없다.'

그런데 관점을 약간 달리하면 공부에는 왕도가 분명히 있습니다. 교재를 외우기만 하면 되는 거잖아요. 시험 범위를 다 암기했는데, 어떻게 시험에 실패할 수 있을까요? 암기만 할 줄 알면 이 세상의 모든 시험을 정복할 수 있습니다. 이렇게 단언할 수 있는 이유는 시험이라는 것이 실제로 '시험 범위를 얼마나 잘 외웠느냐'를 평가

하는 것이기 때문입니다.

불행인지 다행인지 학교 교육은 대부분 주입식 교육입니다. 즉, '선생님이 지식을 가르쳐준다 → 학생이 배운다 → 외운다', 이게 다입니다. 평가 방식도 그렇습니다. 지필 고사라는 형식의 한계상 대부분 외운 내용을 물을 수밖에 없습니다. 창의력, 사고력을 요구한다는 수학도 마찬가지입니다. 응용문제라 해도 문장을 약간 바꾸거나 한 단계 정도 더 생각하도록 만드는 수준에 그칩니다. 경시대회처럼 생각에 생각을 거듭하는 문제는 안 나옵니다. 40분 동안 20문제 풀게 하면서 어떻게 고차원적인 사고 능력을 요구할까요?

시험 문제는 교과서, 수업 노트, 기껏해야 문제집에서 출제됩니다. 세상에 없던 창의적인 문제가 나올 확률은 매우 드뭅니다. 문제 출제자가 누군지 생각해보세요. 아이의 학교 선생님입니다. 아인슈타인이 아니라요. 혹시 그런 신박한 문제가 나온다 한들 우리 아이에게 낯설면 다른 아이에게도 똑같이 낯설 테니 크게 신경 쓰지 않아도 됩니다. 즉, 어떤 과목이든 교과서, 수업 노트, 문제집에 나온 것만 잘 외우면 공부 끝이라는 이야기입니다. 반대로 이 정도는 암기해야 고득점을 받을 수 있다는 뜻입니다. 남들도 다 외우려고 할 테니까요.

이쯤에서 가슴이 갑갑해지는 분이 있을 겁니다. '지루하고 하기 싫은 암기를 결국 해야 한다니!'라고 생각하며, 그동안 알게 모르게 무시했던 암기를 '막상 할 수 있을까?'라고 겁을 먹기도 하겠지요. 하지만 부담을 가질 필요가 없습니다. 암기는 대부분의 보통 사람이 충분히 해낼 수 있는 것이기 때문입니다.

서울대 의대에 입학한 후로 꽤 많은 사람들이 저에게 다음과 같은 말을 건넸습니다. "인재들이 이공계와 순수 과학 쪽으로 진학해야 하는데, 자꾸 의대에만 가려고 하니 큰일이야. 솔직히 의대 공부는 암기만 잘하면 되는데, 머리가 별로 좋지 않은 사람들이 가는 게 맞지 않을까?" 칭찬인지 아닌지 들을 때마다 알 수 없는 말이었지만, 어쨌든 '암기는 머리와는 상관없이 모든 사람이 할 수 있는 것'임이 세상의 상식이라는 사실을 확실히 알 수 있었습니다. 즉, 머리가 크게 뛰어나지 않더라도 공부를 잘할 수 있다는 말이었지요. 제가 혼자 지어낸 이야기가 아니라 웬만한 사람들이 다들 그러더군요. 시간과 인내심, 그리고 체력만 있다면 누구나 암기는 할 수 있습니다. 그러므로 걱정하지 마세요. 우리 아이도 충분히 해낼 수 있습니다.

💡 상위 0.1%의 진짜 비결, '반복, 반복, 또 반복'

본격적으로 시험 범위를 암기하는 방법을 이야기하겠습니다. 최소 수십 페이지에 달하는 분량을 외운다고 하니 다소 막막하겠지만, 절대 어려운 방법은 아닙니다. 그저 반복해서 읽으면 됩니다. 너무 별것 없어 보이나요? 그렇게 생각할 수 있습니다. 제가 현실에서 이렇게 말하면 다들 비슷한 반응이었거든요.

1년 전쯤 한 출판사 편집자님과 만날 기회가 있었습니다. 혹시 다음에 어떤 책을 쓰고 싶냐고 묻더군요. 그때 육아서를 어느 정도 마친 때라, 앞으로는 교육과 관련해서 쓸까 한다고 답했습니다. "공부는 사실 암기가 중요하고요. 그래서 저는 같은 내용을 서너 번 반복해서 공부를 해왔는데…" 말을 제대로 시작하기도 전에 눈을 감고 고개를 젓더라고요. 너무 뻔한 이야기라는 뜻이었을 테지요. 어쩌면 '비결이 고작 그것일까?'였을 수도 있고요. 하지만 여러 번 반복하지 않고 외우는 방법이 있을까요? 저는 아직 찾지 못했습니다.

과거에 저는 시험을 준비할 때 4번 읽기를 목표로 계획을 세웠습니다. 한두 번 읽어서는 머릿속에 별로 남는 게 없다는 사실을 잘 알았기 때문입니다. 공부 기간은 보통 15일 정도로 잡았습니다. 처음 7일 동안 첫 번째 보고, 그다음 4일 동안 두 번째 보고, 그다음 2일 동안 세 번째 보고, 남은 1일 동안 네 번째 보는 식으로 계획을 짰습니다. 물론 정확한 일수는 개인의 공부하는 속도나 공부해야 할 양에 따라 차이가 있을 것입니다. 천천히 공부하는 편이거나 시험 범위가 넓으면 기간을 더 여유 있게 잡아야겠지요. 여기서 강조하고 싶은 내용은 '적어도 3번 이상 반복할 수 있도록' 스케줄을 짰다는 것입니다.

1독을 할 때는 문제집을 풀고, 교과서와 노트 및 교재의 모든 글자를 그저 읽었습니다. 읽으면서 '지금 당장 시험 문제로 나오면 조금이라도 틀릴 가능성이 있는 부분', 즉 원래부터 확실히 알고 있는 게 아니면 연필로 밑줄을 그었습니다.

2독을 할 때도 역시 모든 글자를 읽었습니다. 교과서와 노트, 교재, 문제집의 내용 전부를요. 혹시 1독을 할 때 집중력이 흐트러져서 대충 지나간 부분이 있을 수 있기 때문입니다. 그 가능성 때문에 다시 한번 훑었습니다. 이때는 '지금 당장 시험 문제로 나오면 조금이라도 틀릴 가능성이 있는 부분'을 노란색 등 연한 펜으로 모두 밑줄을 그었습니다.

3독을 할 때는 연한 펜으로 밑줄을 그은 부분만 읽었습니다. 그러면서 여전히 낯선 부분을 빨간색 등 진한 펜으로 밑줄을 그었습니다. 이 단계가 되면 무에서 유가 창조되는 느낌이 들었습니다. 이전에 전혀 이해할 수 없던 내용을 '돈오(頓悟, 단번에 깨달음)' 하기도 했습니다.

4독을 할 때는 진한 펜으로 밑줄을 그은 부분만 읽었습니다. 그때도 헷갈리는 부분은 노트에 따로 메모했습니다. 저만 알아볼 수 있는 수준으로 최대한 짧게 적었습니다. 시험날 아침에 마지막으로 읽기 위한 용으로 말입니다. 4독을 했어도 시험 전날 자는 동안 사라지는 기억들이 있었기 때문입니다. 그것까지 잡으려고요. 이 정도 하면 웬만한 시험 문제는 다 풀 수 있었습니다.

생각만 해도 지겹겠다는 느낌이 들 수 있습니다. 솔직히 같은 글을 2번, 3번, 4번 보려면 속된 말로 토할 것 같을 때도 있었습니다. 그래도 그렇게 했습니다. 최고점을 받으려면 그 방법밖에는 없었거든요. 소위 전문직이 될 정도로 공부를 잘하려면 최소 전국 2만 명 안에는 들어야 합니다. 참고로 매년 들어갈 수 있는 의대, 치대, 약대, 로스쿨의 정원이 약 9,000명입니다. 2만 명이라고 하면 엄청 많은 수처럼 보이지만 매년 수능 응시자가 대략 50만 명인 것을 감안하면 상위 4% 안에 속해야 안정권이라는 뜻입니다. 4%면 얼마일까요? 요즘 교실의 정원은 25~30명 정도지요. 반에서 1등을 해야 합니다. 1등이 되려면 주어진 과제를 완전히 외우는 것을 목표로 공부해야 합니다. 그렇지 않으면 다 외운 누군가가 1등을 차지할 테니까요. 1등과 2등은 여기서 갈립니다. 한두 문제 더 맞히는 게 운처럼 보여도 실제로는 그렇지 않습니다. 그래서 대부분 1등은 계속 1등이고, 2등은 계속 2등을 하는 것입니다.

한 번 읽기만 해도 저절로 머릿속에 외워지는 아이라면 사실 이렇게까지 안 해도 됩니다. 하지만 저는 그런 행운아가 아니었습니다. 그래서 적어도 3번은 반복해서 봐야 했습니다. 제가 본 케이스도 대부분 그랬습니다. 과학고를 수석으로 졸업한 지인은 적어도 2~3번은 봐야 시험을 제대로 볼 수 있다고 했습니다. 서울대 법대, 연세대 경영대를 동시에 합격한 『이토록 공부가 재미있어지는 순간』의 저자는 5번쯤 읽으면 그제야 공부가 재미있어진다고 하더군요. 저의 의대 입학 동기 중에는 고3 때 국사 교과서를 무려 8번 읽은 친구도 있었습니다. 이 사람들의 공부 비결은 무엇일까요? 그저 될 때까지 반복했을 뿐입니다.

어쩌면 "진짜 반복만 해도 될까? 이것도 뭘 알아들어야 통하는 방법 아닌가? 수업 시간에 이해하지 못하는 아이들이 존재한다니까! 그런 아이들은 안 돼"라고 반론을 제기하고 싶을 수도 있습니다. 당연히 그렇게 생각할 수 있습니다. 무엇인지 알고 반복하는 것과 아예 모르는 내용을 단순히 외우는 것은 분명 차이가 있습니다. 하지만 그럼에도 불구하고 반복의 중요성이 약해지지는 않습니다. 반복의 힘은 위대합니다. 극단적인 경우겠지만, 무슨 소리인지 전혀 알 수 없는 내용도 공부할 수 있습니다. 무의미한 글자조차 반복을 통해 외울 수 있기 때문입니다. 앞서 '교과서가 이해가 안 될 때는 여러 번 읽으라'고 이야기한 것은 이와 같은 효과를 기대하는 면도 있었습니다.

'에빙하우스의 망각 곡선'에 대해 들어본 적이 있는지요? 독일의 심리학자 헤르만 에빙하우스(Hermann Ebbinghaus)는 ZUX, BYZ 등 뜻을 알 수 없는 단어 약 2,000개를 조합하여 외우고, 시간 경과에 따라 인간이 얼마나 기억할 수 있는지를 실험했습니다. 다음 그래프는 그 실험 결과를 토대로 반복 학습의 효과를 추정한 것입니다.

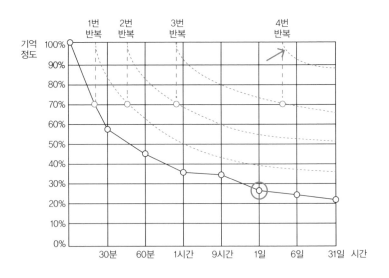

이 그래프를 보면, 처음 공부했을 때는 하루가 지나면 28%만 겨우 기억하지만(동그라미), 네 번째 반복하면 90% 이상을 기억한다

는(화살표) 사실을 알 수 있습니다. 무의미한 단어임에도 3~4번 공부하면 상당량이 머릿속에 입력이 된다는 뜻이지요. 하물며 교과서는 의미 없는 단어의 조합도 아니지 않나요? 완전히 이해하지 못했더라도 반복하면 머릿속에 훨씬 쉽게 넣을 수 있습니다.

저는 의대 본과 시절에 반복 학습의 기적적인 효과를 실제로 확인할 수 있었습니다. 본과에 들어갔더니, 도저히 이해력과 사고력으로는 해결할 수 없는 과제가 눈앞에 나타났거든요. 일단 배워야할 용어부터가 '라틴어'였습니다. 학기 시작하자마자 다음과 같은 뼈 이름을 외워야 한다고 하더군요.

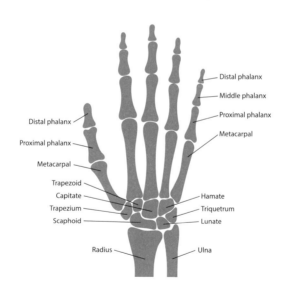

이것을 처음 봤을 때 제가 알고 있는 단어는 'middle'밖에 없었습니다. 나머지는 글자 그대로 외워야만 했지요. 게다가 시험 문제는 이런 식으로 출제되었습니다.

- 다음 중 천식을 동반한 고혈압 환자에게 절대 금기인 약물은?

  ① hydrochlorothiazide

  ② propranolol

  ③ amlodipine

  ④ captopril

  ⑤ irbesartan

'임산부에게 금기인 약물은?', '심부전을 동반한 환자에게 금기인 약물은?', '당뇨를 동반한 환자에게 금기인 약물은?' 등을 하나하나 물었습니다. 주관식은 소위 '넘버링(numbering)'이라 부르는 문제가 주로 출제되었습니다.

- 망막중심동맥폐쇄(central retinal artery occlusion)의 가능한 원인을 4가지 이상 쓰시오.

  (답) Giant cell arteritis

  Carotid artery disease(atheroma, arteritis, dissection,

tumor…)

Aortic arch atheroma

Cardiac embolism

Hypercoagulable disorder

　이런 문제들이 한 과목당 50~100문제씩 나왔습니다. 공부해야 할 양은 또 어떻고요. 매일같이 아침 9시부터 낮 3~4시까지 점심시간 빼고 수업을 계속하는데(의대 본과 수업은 고등학교 수업과 비슷한 형식으로 진행됩니다.), 어떤 교수님은 1시간 수업에 파워포인트 슬라이드 120장을 쏟아붓고 나갔습니다. 교수님 이야기에 아무리 집중해봤자 절반도 못 받아 적고 끝나는 경우도 많았습니다. 이런 상황에서 맥락을 파악해가며 외우기란 불가능했습니다. 애초에 파악할 수도 없었고요. 그래도 어쩔 수 없이 시험은 봐야 하니 어떻게든 머리에 넣어야 했지요. 그래서 읽고, 읽고, 또 읽었습니다. 그랬더니 정말 뭔가 들어오더군요. 신기하게도 시험장에서 답을 쓸 수가 있었습니다.

　　읽기 → 읽기 → 읽기 → 암기

　이것이 가능했다는 말입니다. 여러분도 이미 경험해본 일입니다. 우리가 영어 단어를 처음 공부할 때를 떠올려보면, 단어를 왜 그렇게 쓰는지 알고 외웠나요? 그냥 외웠지요. 하지만 2만 단어, 3만 단어도 암기할 수 있었습니다. 반복에 반복을 거듭해서요. 의대생들끼리 하는 농담 중에 이런 게 있습니다. "전화번호부 외워와"라고 누가 시키면 "언제까지요?"라고 대답한다고요.

시험을 대비하는 가장 확실한 방법은 외울 때까지 반복하는 것입니다. 거듭 강조하지만, 반복의 힘은 위대합니다. 심지어 이해할 수 없어도 머릿속에 넣을 수 있습니다. 그것도 엄청난 양을요. 반대로 시험 범위를 완벽히 외우려면 반복해서 공부하는 것이 정말 중요합니다. 특히 고득점을 노린다면 말입니다. 이제 시험을 어떻게 준비해야 하는지 확실히 알겠지요? 시험 기간에 반복, 반복, 또 반복하면 됩니다.

🎙️ 고득점을 부르는 시험 리허설과 셀프 모의고사

여기서 하나의 의문이 생깁니다. 시험을 잘 보려면 시험 범위를 반복해서 읽기만 하면 되는데, 왜 누군가는 성공하고, 누군가는 실패할까요? 그것은 바로 확보한 시간에 달려 있습니다. 시험 전에 3~4번 반복할 수 있느냐, 없느냐가 승패를 가른다는 뜻입니다. 제가 앞에서 공부를 효율적으로 해야 한다, 짧은 시간에 공부하는 방법을 찾아야 한다. 공부 기본기를 연마해야 한다고 계속 이야기한 이유는 바로 이 때문입니다. 그래야 짧은 시험 기간에 빠른 속도로 반복할 수 있으니까요.

① 문해력을 키운다(빠른 속도로 내용을 파악할 수 있다)

② 연산력을 키운다(빠른 속도로 문제를 풀 수 있다)

③ 체력을 키운다(집중력을 높여 짧은 시간에 공부할 수 있다. 여러 번 반복할 수 있다)

④ 문제집은 되도록 하나만 구비한다(공부할 양이 적어야 여러 번 볼 수 있다)

⑤ 학원에 의존하는 습관을 들이지 않는다(강의를 듣는 것보다 책을 읽는 게 훨씬 빠르다)

이제 왜 공부 기본기를 갖추는 게 중요한지 확실히 느껴지나요? 효율적으로 공부할 수만 있다면 어떤 시험도 걱정할 필요가 없습니다.

그러나 아직 완벽하지 않습니다. 여러 번 반복해서 답을 잘 외웠다고 생각했는데, 막상 시험장에 가면 주관식과 서술형 문제가 술술 풀리지 않는 경우가 있거든요. 그것을 대비하는 과정이 남아 있습니다. 바로 아이가 예비 시험을 보게 하는 것입니다. 공연으로 치면 일종의 '리허설'입니다. 최종 점검인 셈이지요.

제가 프롤로그에서 '어떤 시험이든 잘 볼 자신이 생겼다'라는 시기가 25살 때였다고 했습니다. 바로 이 방법을 사용하기 시작한 게 그때입니다. 이전에는 잘 안 외워지는 게 있으면 시험장에 들어가기 직전까지 5번이고 10번이고 반복해서 읽기만 했습니다. 혹시 동그라미라도 치면 외워질까, 종이가 까맣게 되도록 말입니다. 필사도 해보고, 나름대로 노력을 해봤습니다만 막상 시험장에만 가면 생각 안 나는 게 있더군요. 그러다 점점 외울 양이 많아지면서 여러 번 읽을수록 머리만 복잡해지기도 했습니다. 아무리 열심히 해도 '과연 답안지에 써낼 수 있을지' 확신도 들지 않았고요.

그래서 저만의 모의고사를 보기 시작했습니다. 3독쯤을 한 다음에 주관식 시험에 출제될 만한 문제를 모두 뽑아서 노트에 문제만 적었습니다. 그러고 나서 혼자 풀어봤습니다. 예를 들어 세계사 시험을 본다면 다음과 같이 예상 문제를 노트에 나열하고,

1. 애니미즘, 토테미즘, 샤머니즘에 대해 서술하시오.
2. 카스트 제도의 4가지 계급과 각 계급에 해당되는 사람들의 신분을 서술하시오.

시험 직전에 모의고사를 보듯 답안지를 작성하는 것입니다.

1. 애니미즘은 자연물에 영혼이 들어 있다고 믿는 것, 토테미즘은 특정 동물을 자기 부족의 수호신으로 생각하여 숭배하는 것, 샤머니즘은 무당이 영혼을 불러내어 인간과 교류시켜줄 수 있다고 믿는 것이다.

2. 카스트 제도의 4가지 계급은 브라만, 크샤트리아, 바이샤, 수드라로 나뉜다. 브라만은 제사를 담당하는 사제, 크샤트리아는 귀족과 군인, 바이샤는 농사와 상업에 종사하는 평민, 수드라는 정복된 노예이다.

여기서 답을 제대로 쓰지 못한 부분은 빨간 펜으로 첨삭하듯 꼼꼼히 적고 외웠습니다. 그리고 나서 다시 시험을 봤습니다. 두 번째 시험에서도 답을 쓰지 못한 부분이 있다면, 부족한 부분을 빨간 펜으로 쓰고 나서 외우는 과정을 반복했습니다. 그렇게 주관식 문제를 완벽히 외운 걸 확인하고 시험장에 들어갔습니다. 이후로 어떤 시험을 보든지 아예 공부한 적이 없어서 틀릴 수는 있어도, 공부했는데 못 쓰고 나오는 일은 사라졌습니다.

사실 이것은 제가 25살이 되었을 때 처음으로 썼던 방법이 아닙니다. 최근에 깨달았는데, 저도 모르게 어린 시절에 이 방법으로 공부를 했었더라고요. 제가 중학교에 다닐 때 시험 전날 밤이 되면, 어머니는 교과서나 문제집을 보고 즉석에서 구두로 문제를 냈습니다.

"포르투갈의 ○○는 아프리카의 남쪽 끝인 희망봉을 돌아 □□에 도착함으로써 □□로 가는 동쪽 항로를 발견하였다. ○○와 □□는?"

이런 식으로 말입니다. 어머니가 먼저 시작했는지 처음부터 제가 물어봐달라고 했는지 기억은 잘 안 납니다. 하지만 확실한 건, 그 과정이 성적을 올리는 데 꽤 도움이 되었다는 점입니다. 그리고 나름 재미있었어요. 나중에는 어머니가 귀찮아서 싫다고 하는데도 제가 꼭 문제를 내달라고 부탁했던 게 떠오릅니다.

앞에서 초등 3~4학년의 수행 평가 대비법을 다루면서 '시험 전날 집에서 한번 시연해보고 가면 좋다'라고 이야기한 적이 있지요. 시험 전 셀프 모의고사를 보는 방법은 세상 어떤 시험 앞에서도 위력을 발휘합니다. 지필 고사뿐만 아니라 발표형 시험에서도 그렇습니다.

시험은 아이가 얼마나 아는지 '확인하는' 기회가 아닙니다. 얼마나 잘 알고 있는지 세상에 '보여주는' 기회입니다. 이 차이를 깨달으면 한 단계 뛰어오를 수 있습니다. 시험 전 완벽해질 때까지 리허설을 할 수 있도록 도와주세요.

여기까지가 중고등학교의 시험에서 고득점을 올리는 비결의 전부입니다. 외울 때까지 반복해서 읽고, 시험 전에 완벽히 알고 있는지 확인하는 것, 이 2가지 단계만 밟으면 이제 어떤 시험이든 걱정 없습니다. 나중에, 그러니까 중학교에 입학할 때쯤 아이에게도 살짝 알려주세요.

'공부'에 대한 부모의 정성이
아이에게 닿기를

드디어 책의 끝에 도달했네요. 여기까지 오느라 정말 고생 많았습니다.

짧게 책과 관련된 뒷이야기를 하자면, 이 책은 사실 처음의 기획 의도와는 완전히 다른 내용으로 만들어졌습니다. 순전히 제 욕심 때문이었는데, 이왕 책을 쓴다면 진지한 명작을 남기고 싶은 것이 사람 마음 아니겠습니까? 그래서 책을 처음 구상할 때 공부에 대해 갖춰야 할 아이의 태도(해낼 수 있다는 믿음을 가지고 최선을 다해야 한다!)와 부모의 마음가짐(아이의 성장 가능성을 믿어라! 공부 지속력은 부모로부터 나온다!)을 강조하는 식으로 멋지게 접근하려고 했습니다. 그렇게 몇 달간 한 권의 절반 가까운 분량의 글을 쓰기도 했지요.

그러나 어느 순간 오글거려서 더는 못 하겠더군요. 솔직히 말하면 학창 시절에 공부에 진심을 바친 건 아니었거든요. 물론 나름대로 최선을 다하기는 했지만, 공부에 원대한 의미를 부여한 적은 없었습니다. 그런데 남에게는 그래야 한다고 강조하다니요. 심지어 공부 당사자가 아닌 부모에게까지 말입니다. 한마디로 그런 책을 쓰는 건 거짓말과 마찬가지였습니다. 결국 편집자님에게 집필을 중단해야겠다고 이야기하는 지경에 이르렀지요. 어쩌면 앞으로는 평생 공부 관련 자녀 교육서는 쓰지 못할 것 같다고도 생각했습니다. 제가 아는 건 시험 잘 보는 방법뿐인데, 고작 그런 책을 쓰고 싶진 않았습니다. 왠지 부끄럽잖아요.

그렇게 묻어두고 지내다 보니 명작에 대한 욕심도 사라지고 부끄러운 마음도 없어졌습니다. 사실 그렇지요. 가벼운 게 뭐 어떻습니까? 우리 중 누가 학교 공부에 그토록 온 마음을 바쳤다고요. 또 '열과 성을 다하지 않고도 공부를 잘할 수 있다면 그 방법을 말해주지 않을 이유가 있을까? 오히려 좋은 것 아닌가?'라는 생각도 들었습니다.

한편으로는 공부를 조금 가볍게 대할 필요도 있다고 판단했습니다. 공부는 오랜 시간 해야 하는 것이기 때문입니다. 초등부터 대학 입학까지 12년, 그 이후로도 수년간 더 해야 합니다. 공부를 잘하는 것으로 좋은 직업까지 노린다면 10년이 더 필요할 수도 있습니다. 장기간의 레이스에 지쳐 나가떨어지지 않으려면 최소한으로 짐을 줄여야겠지요. 저는 그것이 바로 공부를 잘할 수 있는 비결이라고 생각했습니다. 그래서 최소한의 노력으로 고득점을 올리는 방법을 여러분에게 꼭 알려야겠다고 마음먹었습니다.

이런 고민 끝에 시험을 잘 보는 핵심 비법만 담은 책을 만들게 되었습니다. 벼락치기든 단순 암기든 시험에서 좋은 점수를 받을 수 있는 방법은 죄다 풀어냈습니다. 벼락치기를 이왕이면 효율적으로 할 수 있도록 쌓아야 할 기본기가 무엇인지, 그 정수만 뽑아 이야기했습니다.

어땠는지 궁금합니다. 아이 공부에 대한 막막함이 조금이나마 해소되었는지요. 책을 덮을 무렵 '아이 공부, 그거 뭐 크게 어렵지 않네', '시험 잘 보는 비법이 이렇게 간단한 거였어?'라고 여러분이 생각한다면 이 책의 기획 의도를 완전히 만족하는 셈입니다. 부디 그렇게 되기를 바랍니다.

이제 진짜, 마지막으로 한마디만 더 하고 마치겠습니다. 더 나은 부모가 되기 위해 이 책을 집어 들었겠지만, 사실 여러분은 이미 좋은 부모입니다. 입에 발린 칭찬이 아니라 정말 그렇습니다. 아이 공부를 위해 책을 사서 몇 시간을 투자하는 일은 생각만큼 쉽지 않습니다. 아무나 하는 일이 아닙니다. 대한민국 상위 0.1% 부모입니다. 이 정성이 아이에게 닿아, 아이의 공부 인생에 꽃길만 가득하기를 진심으로 기원합니다.

6세부터 초6까지 절대 놓쳐서는 안 될 3가지 공부 기본기

서울대 의대 엄마는 이렇게 공부시킵니다

초판 1쇄 발행 2022년 2월 28일
초판 5쇄 발행 2024년 3월 27일

지은이 김진선
펴낸이 민혜영
펴낸곳 (주)카시오페아 출판사
주소 서울시 마포구 월드컵북로 402, 906호(상암동 KGIT센터)
전화 02-303-5580 | **팩스** 02-2179-8768
홈페이지 www.cassiopeiabook.com | **전자우편** editor@cassiopeiabook.com
출판등록 2012년 12월 27일 제2014-000277호

ⓒ김진선, 2022
ISBN 979-11-6827-015-2 03590